기후와 문명

Climate & Civilization

노의근 지음

연세대학교 출판문화원

기후와 문명

저 자 노의근
펴낸곳 연세대학교 출판문화원
주 소 서울시 서대문구 연세로 50
ysup@yonsei.ac.kr
http://press.yonsei.ac.kr
전 화 02) 2123-3380-2
팩 스 02) 2123-8673
등 록 1955년 10월 13일 제9-60호
인 쇄 (주)동국문화

2019년 2월 28일 1판 1쇄 2023년 8월 25일 1판 4쇄

ISBN 978-89-6850-272-9 (93450)

값 13,000원

머리말

20세기 후반 이후 지구온난화에 의한 기후환경의 변화는 인류의 경제, 사회활동에 많은 영향을 끼치게 되었으며, 따라서 이에 대해 어떻게 대처해야 하는가는 인류문명이 당면한 중요한 문제로 대두하였다. 이를 위해 농업, 수산업, 재해방지, 보건 분야를 포함한 여러 분야에서 기후변화가 미치는 영향 및 그에 대한 대응방법에 대한 활발한 연구가 이루어지고 있다. 그러나 지구의 기후는 지구가 탄생한 이래 끊임없이 변화해 왔으며, 또 인류문명은 항상 기후의 영향을 받고, 이에 적응하면서 지금에 이르렀다. 따라서 우리는 과거의 기후변화가 인류문명에 어떻게 영향을 미쳤는가에 대해 알아봄으로써 당면한 지구온난화를 어떻게 대처해야 하는가에 대한 시혜를 얻을 수 있다.

지금까지는 과거의 기후에 대한 정보가 거의 없어 기후가 인류역사에 미친 영향을 연구하는 것이 근본적으로 불가능했다. 그러나 최근 빙하의 분석, 해저퇴적물에 대한 동위원소 분석 등 고기후를 복원하는 기술이 급속도로 발전하면서 과거의 기후가 어떻게 변해왔는지에 대해 보다 정확하게 알 수 있게 되었다. 과거 기후에 대한 지식이 늘어날수록, 기후변화와 인류문명의 변천 사이의 관련성이 점점 뚜렷하게 드러나고 있다. 따라서 역사를 이해하는 데 있어서 지금까지 중요한 고려대상이 아니었던 기후변화가 주요 관심사로 떠오르고 있으며, 인류문명사를 바라보는 관점에도 큰 변화가 이루어지고 있다.

농업의 탄생, 고대문명의 탄생과 붕괴, 청동기 및 철기문명의 도래, 종교의 탄생, 민족의 이동과 문물의 교류, 산업혁명과 근대문명의 탄생 등 인류문명이 한걸음씩 앞으로 나아갈 때마다 기후는 문명의 발달에 영향을 미친 요소 중의 하나로서, 중요한 역할을 한 것으로 최근 연구를 통해 드러나고 있다. 한편, 안정된 정치체제가 장기간 유지되었던 시기는 따뜻하고 비가 많이 오는 양호한 기후조건 아래 있었으며, 많은 혼란과 민족의 이동이 발생하던 시기는 춥고 가뭄이 드는 열악한 기후조건 아래서 있었다는 사실도 알게 되었다. 예를 들면, 온난, 다습한 기후 아래서는 로마제국, 한나라와 같은 고대제국, 그리고 안정된 유럽의 중세봉건체제가 유지되었다. 한편, 한랭, 건조한 시기에는 아리안족, 훈족, 흉노족 등 유목민들의 침입에 의해, 기존 체제가 무너지는 사건들이 반복되었다.

기후가 우리 문명에 얼마나 중요한 영향을 미치는지는 우리 주위를 살펴보면 누구든지 쉽게 인식할 수 있다. 오늘날 대부분의 선진 국가는 겨울이 있는 온대기후지역에 위치하고 있으나, 고대문명은 대부분 건조한 아열대기후지역이나, 고산지역에서 발달하였다. 같은 유럽에서도 화창하고 따뜻한 기후의 스페인, 이태리 등 지중해성 기후지역의 라틴문화와 차갑고 음산한 기후의 영국, 독일 등의 서안해양성 기후지역의 게르만문화는 매우 다른 특징을 지닌다. 한마디로 인류의 문명은 다양한 기후환경에 적응하는 과정에서 발생하였다고 이야기하여도 과언이 아니다.

오래전부터 많은 학자들이 인류사회의 기후가 미치는 영향에 관해 관심을 가졌다. 그리스의 철학자 히포크라테스(Hippocrates)는 기후, 물, 토양이 그 지역에 사는 사람들의 습관과 특징을 결정짓는다고 주장하였다. 예를 들면, 풍요로운 땅에서는 온화한 기질의 사람들이, 메마른 땅에서는 거친 기질의 사람들이 만들어진다고 기술하였다. 한편, 볼테르(Voltaire)는 인도와 같은 숲이 무성한 작물위주의 농경문화에서는 힌두교, 불교와 같은 다신교가 탄생하였고, 초원지대 목축중심의 중동에서는 기독교, 유대교, 회교와 같은 유일신 종교가 탄생하였다는 점을 지적하였다. 몽테스키외(Montesquieue)는 기후를 사회체제를 결정하는 중요한 요소로 판단하였다. 즉 절대적으로 이상적인 정치형태가 있는 것이 아니라, 주어진 자연환경과의 조화를 이루는 것이 중요하다고 주장하였다. 또 민족의 특성도 기후환경에 의해 지배되어, 예를 들면, 추운 지방의 민족이 보다 관념적이고, 육체적으로 활발하다고 주장하였다. 비슷하게 헤겔(Hegel)도 근대문명은 온대지방에서만 가능하다고 하였다. 우리는 몽테스키외나 헤겔 같은 대철학자들이 오늘날 금기시되는 인종주의적으로 이해될 수 있는 주장을 한 것에 대해 의아하게 느끼게 된다. 더 극단적인 형태로서 미국의 지리학자였던 헌팅턴(Huntington)은 '문명과 기후'(Civilization and Climate)라는 저서를 통해 인종과 함께 기후를 문명발달단계를 결정짓는 인자로 규정하고 각종 기후에 대한 함수로서 계산된 전 세계 문명발달 가능성의 분포를 구하기도 하였다.[42] 다시 말하면 기후가 서유럽과 북미 대륙 등은 선진국이 되도록, 아프리카는 후진국이 되도록 결정되어 있었다는 주장인데, 이는 인간의 능동적 의지를 무시하고, 서구중심의 제국주의와 인종주의를 합리화시키는 것이다. 이와 같은 기후결정론(氣候決定論; climate determinism)은 인종주의를 노골적으로 표방한 히틀러에 의해 발발된 제2차 세계대전이 종식된 이후 학계에서 금기시되어 왔다.

그러나 인류의 역사가 주어진 환경에 의해서 결정된다는 환경결정론의 가정을 받아들이기 어려운 것과 마찬가지로 인류의 역사가 주어진 환경에는 전혀 영향을 받지 않는다는 가정도 받아들이기 어렵다고 본다. 특히,

최근 복원된 고기후의 변화는 인류문명의 발전과 뚜렷한 상관관계를 보여주고 있으며, 따라서 기후변화에 영향을 받았을 것으로 추정되는 많은 역사적 사건들에 대한 연구가 매우 활발히 이루어지고 있다.[9,33,54,87,104–106]

본 저서에서는 기후가 인류문명의 발전에 미친 영향과 관련하여 제시되고 있는 많은 주장과 가설들을 보다 논리적이고, 체계적으로 소개하는 것으로 목표로 하였다. 주제 특성상 불가피하게 기후결정론적인 측면에서 기술하게 된 부분이 적지 않으나, 기후변화가 인류문명의 발전에 얼마나 중요한 역할을 하였는가에 대한 결론은 독자들이 스스로 판단하였으면 한다.

기후가 문명에 미친 영향을 이해하기 위해서는 전통적으로 역사를 이해하기 위한 역사학, 고고인류학, 경제학 등의 인문학 분야의 지식뿐만 아니라, 기후현상에 대한 과학적인 이해가 매우 중요하다. 따라서 본 저서는 크게 두 부분으로 전반부는 빙하시대가 끝나고, 인류의 역사가 시작된 이후 어떻게 기후가 변해왔으며, 그 기후변화가 어떻게 인류문명에 영향을 끼쳤는지를 시기별로 기술한다. 마지막 장에서는 20세기 이후의 지구온난화에 따른 기후변화와 인류의 대응도 다룬다. 후반부는 일반인들이 기후과학에 대한 전반적인 이해를 돕고자 하였다. 기후는 어떻게 결정되며, 또 어떻게 변하게 되는지, 그리고 고기후는 어떻게 복원하고, 미래의 기후는 어떻게 예측할 수 있는지 등에 관한 기후과학 전반에 대하여 과학적으로 설명하였다. 본 저서의 주 목적으로 전반부에 있으므로, 후반부는 일반 독자들의 기후현상에 대한 과학적 이해를 도울 목적으로 가능한 한 간략하게 서술되었다. 또 전반부를 읽으면서, 해당 기후현상에 대해 이해를 필요로 할 때에는 이에 해당하는 기후현상에 대한 후반부의 과학적 기술을 참조할 수 있도록 하였다.

본 저서는 필자가 지난 10여 년간 연세대학교에서 가르친 같은 이름의 강좌 '기후와 문명'의 강의내용을 바탕으로 하였다. 여전히 전공인 난류(turbulence) 연구로 많은 시간을 뺏기다 보니, 보다 만족스러운 저서가 만들어지지 못한데 대해 아쉬움이 크지만, 최근 세계적으로 많은 관심이 모아지고 있는 중요한 주제임에도 불구하고, 국내에서는 아직 이를 체계적으로 다룬 저술이 없어, 이 분야에 관심이 있는 독자들에게 도움을 주고자 부족하나마 졸저를 준비하기로 하였다. 이 저술을 처음 준비할 수 있도록 지원해준 APEC 기후센터, 특히 김형진 박사께 감사드린다(기후정책연구 2015-01). 또, 책이 나올 수 있도록 도움을 주신 연세대학교 대학출판문화원, 그리고 교정을 보아준 노경민, 최연주, 이성현 학생에게도 감사를 드린다.

차례

I. 기후와 문명

II. 기후의 과학

I. 기후와 문명

1. 현생인류 탄생이후의 지구기후의 변화
2. -BC 12000: 빙하시대 - 현생인류의 탄생
3. BC 12000-BC 3000: 빙하시대 이후 온난화기 - 농업의 시작
4. BC 3000-BC 2000: 건조화기 - 문명의 탄생
5. BC 2000-BC 500: 한랭건조기 - 혼란과 민족이동
6. BC 200-AD 200: 로마온난기
7. AD 300-AD 700: 한랭건조기 - 혼란과 민족이동
8. AD 1000-AD 1200: 중세온난기
9. AD 1300-AD 1900: 소빙하기
10. AD 1900-: 지구온난화기

제 1 장

현생인류 탄생이후의 지구기후의 변화

20세기 후반이후 온실기체의 방출로 인한 지구온난화로 지구의 기후는 급격하게 변하고 있으며, 이로 인해 많은 우려와 관심을 불러일으키고 있다. 그러나 과거에도 지구의 기후는 지구가 탄생한 이래 끊임없이 변해왔다. 우리의 직접적인 조상인 현생인류(homo sapiens sapiens)가 지구상에 나타났던 지금부터 약 10–15만 년 전은 지금보다 훨씬 춥던 빙하시대였다. 15000년 전경 빙하시대가 끝난 뒤, 인류의 문명이 발전을 거듭하는 동안에도 기후는 끊임없이 변해왔다. 그림 1–1은 일반적으로 알려져 있는 지금으로부터 100만년, 10000년, 1000년 전부터 현재에 이르기까지의 지구 기온의 변화 패턴을 보여주고 있다. 그림은 지난 수십만 년 동안 빙하기와 간빙기가 반복되는 가운데 현재 우리는 간빙기에서 살고 있음을 보여주고 있다(그림 1–1a). 또 1만 년 전 빙하시대가 끝난 뒤에도 기온변동의 폭은 작지만 기후최적기나, 중세온난기, 소빙하기와 같은 기후의 변동이 있었음을 보여주고 있다(그림 1–1b,c).

최근 들어 빙하의 분석, 해양퇴적물의 동위원소 분석 등 눈부신 고기후 복원 기술의 진전에 힘입어, 과거의 기후 특히 인류가 탄생한 이후 지난 2만 년간의 기후가 상당한 수준으로 복원됨으로써 전에는 막연하게 짐작

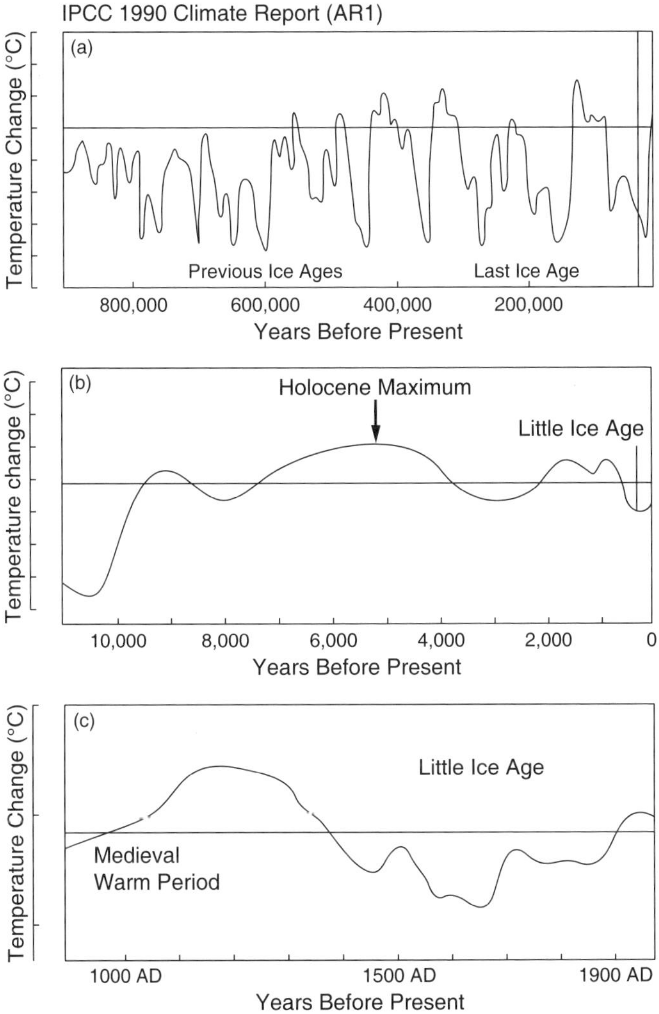

그림 1-1 과거의 지구 기온변화 도식표: (a) 지난 백만년, (b) 지난 만년, (c) 지난 천년

할 수 밖에 없었던 기후변화를 보다 정확하게 파악할 수 있게 되었다(II-3-1 참조). 이를 바탕으로 빙하시대 이후 지난 12000년간의 기후변화를 요약하면 다음과 같이 구분된다.

(1) BC 12000 – BC 3000: 빙하시대 이후 온난화기

– BC 10500 – BC 9500: 영거드라이아스기(Younger–Drias Period)

– BC 6000 – BC 3000: 기후최적기(氣候最適期; Climate Optimum)

(2) BC 3000–BC 2000: 건조화기

(3) BC 2000 – BC 500: 한랭건조기 I

(4) BC 200 – AD 200: 로마온난기(Roman Warming)

(5) AD 300 – AD 700: 한랭건조기 II

(6) AD 1000 – AD 1200: 중세온난기(Medieval Warming)

(7) AD 1300 – AD 1900: 소빙하기(Little Ice Age)

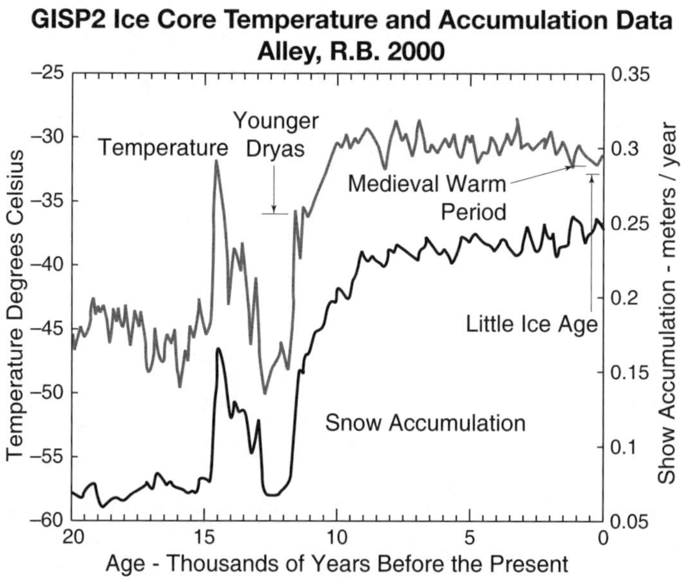

그림 1-2 그린란드 빙하로부터 분석된 영거드라이아스기의 급격한 기후변화.[1] 그린란드의 온도와 적설량 모두 BC 13000년경 이후 온난해지던 도중 BC 11000년경 약 1000년간 갑자기 기후가 빙하시대로 되돌아갔었음을 보여주고 있다. 적설량은 영하 10도까지지는 기온의 상승과 더불어 강설량의 증가로 증가가고, 그 이상이 되면, 눈이 녹는 양이 더 많아져 감소한다.

(8) AD 1900–: 지구온난화기

그림 1–2는 그린란드 빙하로부터 분석된 지난 2만 년 간의 온도 및 적설량의 변화를 보여주고 있다. 그림으로부터 우리는 빙하시대에는 지금보다 그린란드의 온도가 무려 15도정도 낮았었음을 알 수 있다. 더욱 흥미로운 사실은 빙하시대가 끝나고, 기온이 상승하다 BC 11000년경 갑자기 약 1000년간 빙하시대로 다시 되돌아갔었음을 보여주고 있다. 우리는 이 시기를 영거드라이아스기라 부른다. 빙하시대가 끝난 뒤에도 중세온난기나 소빙하기와 같은 기후의 변화가 나타났었으나, 그 기온변화의 크기는 훨씬 작아 대체로 1도 미만이었다.

그림 1–3은 빙하시대가 끝난 뒤, 지난 12000년 동안의 기온변화를 8개

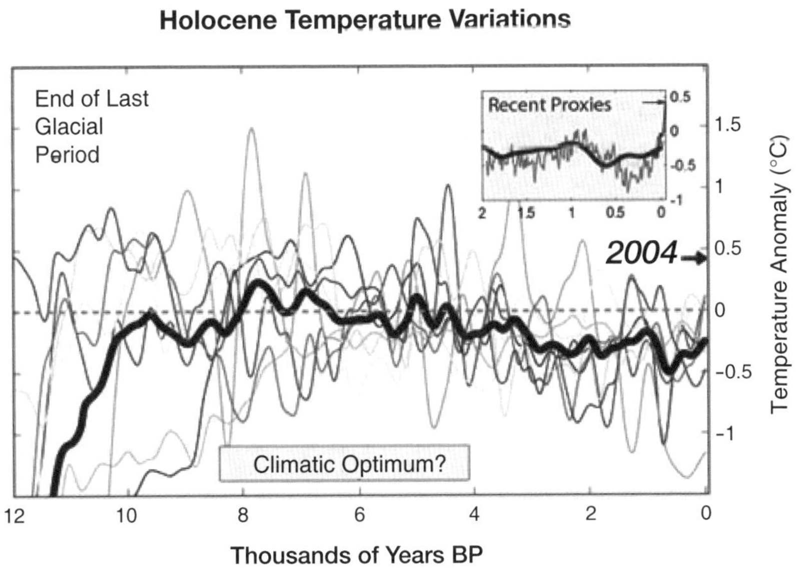

그림 1–3 8가지 다른 고기후자료로부터 얻어낸 홍적세의 기온변화(굵은 흑선은 평균값의 변화)

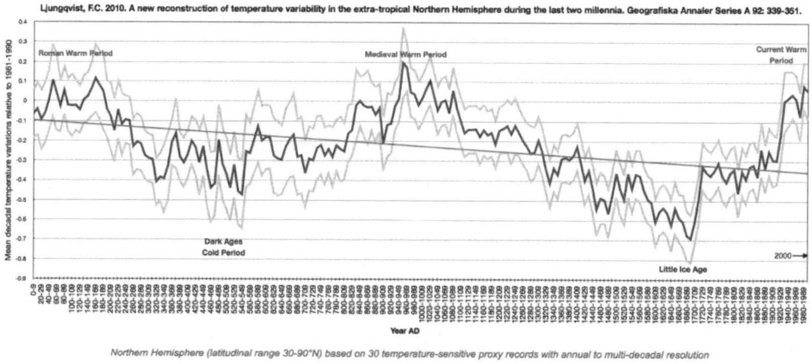

그림 1-4 지난 2000년 동안 북반구(30-90N)의 고기후자료의 최근 분석은 기온이 장기적으로 20세기까지 서서히 감소하는 가운데, BC 200-AD 200(로마온난기)와 AD 1000-1200(중세온난기) 기간 중의 온도상승, AD 300-700(혼란기)와 AD 1300-1900(소빙하기) 기간 중의 온도하강의 패턴을 뚜렷하게 보여주고 있다.[55]

의 다른 고기후 자료 분석으로부터 얻은 결과를 통해 보여주고 있다. 영거드라이아스기 이후 BC 6000년경 기후최적기라고 불리는 시기에 현재보다도 기온이 높았던 최고 온도에 도달한다. 그 이후에는 20세기에 들어 온난화가 발생할 때까지 작은 변화를 거듭하지만, 전체적으로는 기온이 서서히 감소하고 있었음을 보여주고 있다. 그림 1-4는 지난 2000년 동안 북반구(30-90N)의 고기후 자료의 최근 분석결과를 보여주고 있다.[55] 기온이 장기적으로 20세기까지 서서히 감소하는 가운데, BC 200-AD 200(로마온난기), AD 1000-AD 1200(중세온난기)의 기간 중의 온도상승, AD 300-700(혼란기), AD 1300-1900(소빙하기) 기간 중의 온도하강의 패턴을 뚜렷하게 보여주고 있다. 한편 IPCC 3차보고서에 포함된 지난 1000년 동안의 기온변화 분석 결과는 그림 1-4와 비슷한 패턴을 보여주고 있으나, 20세기 이후의 기온상승이 중세온난기보다 훨씬 급격하게 나타나고 있음을 보여주고 있다(그림 1-5).[59] 그림 1-5는 온실효과에 의한 급격한 지구기온의 상승에 대

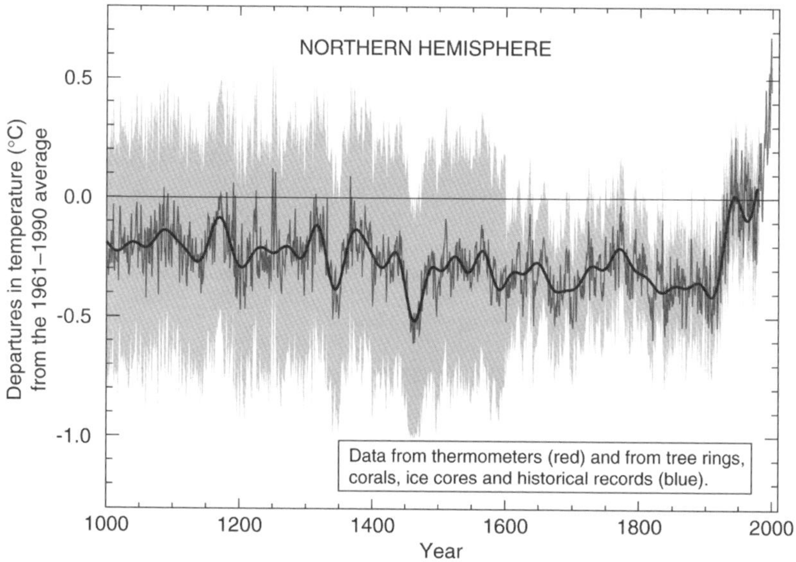

그림 1-5 IPCC 3차보고서(TAR)에 보고된 북반구 평균온도변화.[59]

한 우려를 뒷받침하는 자료로 활용되어 왔었다. 그러나 이후 얻어진 그림 1-3과 1-4와 같은 이후 기온변화자료와 일치하지 않으며, 이로 인해 자료의 신빙성에 대한 많은 논란이 제기되고 있다.

현재 기후변화를 연구하는 국제기구인 IGBP(International Geosphere-Biosphere Program)에서 주관하는 PAGES(Past Global Changes) 국제협력프로그램을 통해 각 대륙의 지난 2000년 동안의 기후를 복원하고 있는데, 온도변화의 시기와 크기에 많은 차이가 있지만 중세온난기, 소빙하기와 같은 긴 시간규모의 변동특성은 대체로 전 지구에 공통으로 나타나는 것을 확인할 수 있었다.[69] 따라서 우리는 앞으로 기후가 문명에 미치는 영향을 주로 유럽을 중심으로 다루겠지만, 비슷한 기후변화가 다른 대륙에서도 대체로 적용된다고 예상할 수 있다.

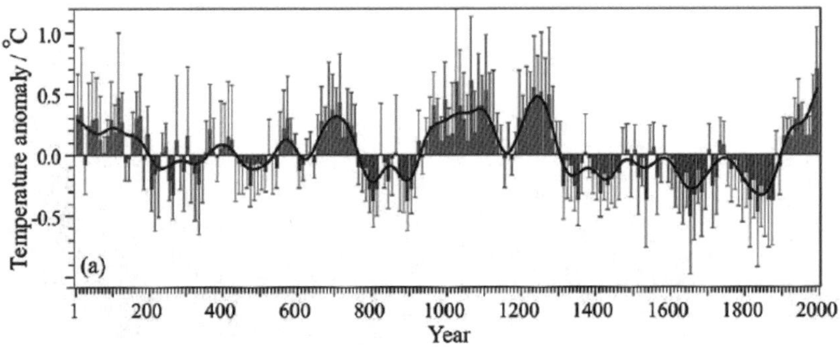

그림 1-6 지난 2000년 동안의 중국의 온도변화.[32]

유럽이외 지역의 기온변화를 조사한 예로서 그림 1-6은 지난 2000 년 동안의 중국의 기온변화를 보여주고 있다. 전 지구의 기후변화와 대체로 일치하는 패턴을 보여주고 있다. 한 가지 눈에 띄는 차이라면, 당나라 전성기였던 AD 700년경에 상당히 따뜻한 기후를 보여주고 있다. 우리는 또한 그림 1-6으로부터 온난한 기후가 나타났던 시기(1-2, 8, 11-12세기)는 안정된 왕조가 장기간 계속되었던 한, 당, 송나라 시기에 해당하고, 한랭했던 시기(3-5, 9세기)는 삼국시대, 남북조시대, 오대십국시대와 같은 혼란스럽던 시기에 해당함을 확인할 수 있다. 단, 명, 청나라 시기(14-19세기)는 소빙하기로 한랭했던 시기에 해당한다.

앞 그림들에서 보여주듯이 지금까지의 고기후 복원은 대부분 기온변화에 대한 복원이었으며, 강수량의 변화에 대한 복원은 아직 제대로 이루어지지 못하고 있다. 그러나 우리는 많은 고기후학 자료로부터 온도뿐만 아니라, 강수량에 관한 정보도 얻을 수 있었다. BC 3000-2000년경에는 특히 중근동을 중심으로 온도의 변화는 뚜렷하지 않지만, 강수량이 현저하게 감소하였다는 사실을 여러 고기후 자료들이 보여주고 있다. 대체로 온난한 기후에서는 강수량도 풍부하고(온난다습), 한랭한 기후에서는 건조해지는(한랭건조) 상관성을 보이지만, 소빙하기는 특이하게도 추우면서도 비가 많이 오는 음습한 기후였다.

빙하시대에 태어난 인류는 추운 기후를 이겨내기 위해, 불, 옷, 도구 등을 사용하며 다른 동물들과는 다른 길을 걷기 시작하였다. 갑자기 빙하시대로 되돌아갔던 영거드라이아스기와 이후 기후최적기를 거치며 인류는 농사와 목축을 시작하며 문명의 첫 발을 내디뎠고(BC 8000년경), 이후 계속 건조해지는 기후를 극복하기 위해, 관개사업을 시작하고, 이를 통해 인류 최초의 문명이 탄생하였다(BC 3000년경). 점점 악화되는 건조한 기후를 견뎌내지 못하고 고대문명은 붕괴하였으며(BC 2000년경), 이후 전반적으로 한랭, 건조했던 오랜 기간 동안 많은 혼란이 계속되었다(BC 2000-BC 500). BC 200-AD 200년 온난기 동안에는 서양에서는 로마, 동양에서는 한나라라는 거대한 고대제국이 장기간에 걸쳐 번영을 구가했으나, 이후 AD 300년 이후에는 악화되는 기후 아래서 경제적으로 쇠퇴한 고대제국들은 흉노족, 훈족 등의 유목민들의 침입을 받아 붕괴하고 새로운 체제가 들어서게 된다(AD 300-700). 다시 온난, 다습한 기후가 찾아온 중세 동안에는 신에게 절대복종하는 안정된 질서가 장기간 유지되었다(AD 1000-1200). AD 1300년 이후 소빙하기가 찾아오면서, 갑작스럽게 엄습한 기근과 질병은 중세봉건제도를 무너뜨리고, 이후 르네상스를 거쳐, 산업혁명으로 상징되는 근대문명으로 들어서게 된다.

이와 같이 인류문명의 거대한 흐름은 문명발전에 있어서 기후의 역할을 짐작할 수 있게 해준다. 그러면 각 기후변화의 단계에 인류문명에 있어서 어떠한 중요한 사건이 나타났는지, 또 이러한 사건들은 어떻게 기후와 관련이 있는지를 알아보는 긴 여행을 시작하기로 한다.

제2장

-BC 12000: 빙하시대 – 현생인류의 탄생

1 마지막 빙하시대

빙하기와 간빙기를 거듭하며 변화해오던 지구기후는 BC 13000년경 마지막 빙하기를 끝으로 온난화가 시작되었다. 빙하기와 간빙기가 거듭되는 것은 근본적으로 지구궤도의 변동에 따른 지구로 들어오는 태양복사에너지의 변동이 원인이지만, 기온과 이산화탄소 사이의 상호작용과 기온과 빙하 사이의 상호작용에 의해 태양복사에너지 변동의 차이보다 훨씬 더 큰 기온의 변화가 유발되었다(II-2-2 참조). 지질학적으로 마지막 빙하기를 플라이스토세, 그 이후 현생인류가 살아오고 있는 현세를 홀로세라고 부른다. 마지막 빙하시대 중에서도 BC 19000-16000년경 가장 추웠던 시기를 특히 최종빙하극한기(last glacial maximum; LGM)이라 부르며, 현재 기후와 빙하시대의 기후를 비교하는 기후연구의 주 대상 기간이다.

빙하기 동안의 지구의 평균기온은 현재보다 5도 정도 낮았고, 특히 거대한 빙상이 있던 북반구 고위도 지역에서는 12-14도 정도까지도 낮았다. 한편, 열대 저지대의 온도는 그보다 작게 2.5-3도 정도 낮았다. 이는 다시 말하면 빙하시대 동안 위도에 따른 온도차가 지금보다 더 컸었음을 의미하

그림 2-1 빙하시대의 지도

고, 이는 또 위도에 따른 압력차도 지금보다 더 컸었음을 의미한다. 이로 인해 남북방향 압력의 차이에 비례해서 그 속도가 결정되는 편서풍의 풍속도 지금보다 훨씬 더 컸었을 것으로 예상된다(II-1-2, 5 장 참조). 계절풍은 여름에 해양에서 불어오는 습한 바람은 지금보다 더 약했고, 겨울에 대륙에서 불어오는 건조한 바람은 더 셌다(II-1-2, 5 장 참조). 따라서 여름철에 강수량은 지금보다 더 작았다. 해수면온도는 지금보다 2-3도 정도, 적도에서는 1-2도 정도 낮았다. 한편, 빙하시대에는 온도가 낮았을 뿐만 아니라 증발량이 적고, 많은 양의 수분이 빙하 및 눈에 갇혀있게 되어 강수량이 줄어들었다. 따라서 빙하에 덮여있지 않은 지역도 건조한 스텝기후의 상태였다. 유럽대륙의 기온은 일 년 중 거의 대부분을 2-3도 또는 영하의 상태에 있었으며, 연강수량도 현재 600mm인데 반해, 60-120mm로 적었다.

마지막 빙하기에는 거대한 빙하가 유럽과 북미대륙의 북반부를 덮고 있었다(그림 2-1). 그중에서도 북미대륙 중부에서 동부에 걸쳐 존재하는 로렌타이드빙상(Laurentide Ice Sheet)은 가장 면적도 넓고, 두께도 1600-3000m에 이르렀다(빙상(氷床)은 대륙의 넓은 지역을 덮는 빙하를 일컫는다.) 해수면은 지금보다 100m 이상 낮았으며, 따라서 알래스카는 시베리아와 연결되어 있었으며, 일본, 영국, 호주 등 많은 섬들이 대륙에 연결되어 있었다(그림 2-1).

빙하시대에는 또 중위도, 저위도에 위치하는 호수가 지금보다 훨씬 더 넓었었다. 이는 온도가 낮고 흐린 날씨가 많아짐에 따른 증발량의 감소로 인한 것으로 여겨진다. 카스피해는 지금의 두 배 이상의 면적으로 북쪽 러시아 동남부 평원으로 확장되어 있었다. 현재 사하라 사막 남쪽 끝에 조금 남아 있는 차드호는 빙하시대에는 현재의 카스피호보다도 더 넓었었다. 북아메리카 대륙 서부에서도 솔크레이크호가 지금보다 10배 이상 크고 깊었다. 그밖에도 네바다, 캘리포니아 지역에 많은 큰 호수들이 있었다. 이 많은 호수들은 빙하시대가 끝나고, 로렌타이드빙상이 줄어드는 시기에도 여전히 존재했었다. 또한 현재에는 큰 호수가 없는 호주에도 호수가 많이 있었다.[50]

마지막으로, 최근의 고기후 분석 결과로부터 우리는 빙하시대는 단순히 온도가 낮을 뿐만 아니라 기후가 격변하던 시기이기도 하였음을 알게 되었다. 그린란드 만년설 자료로부터 빙하시대 동안에는 수십 년에 걸쳐 급격하게 기온이 소폭 상승하는 아간빙기(interstadial)과 그 뒤 수백 년에 걸쳐 기온이 서서히 저하하는 아빙기(stadial)가 주기적으로 나타났었음이 밝혀졌다.

2 인류의 탄생과 진화

인류의 조상은 약 600–400만 년 전 원숭이로부터 분리되어 독자적인 진화의 길을 걸어왔다. 인류의 조상에 대한 가장 오래된 증거는 동아프리카 화산대에서 발견된다. 인간과 가장 가까운 침팬지와 현생인류는 DNA의 98%가 일치한다. 인류의 탄생 이후 여러 차례 빙하시대를 거치며, 이를 극복하기 위해 진화와 기술의 발전을 거듭해 왔다. 특히 인류는 다른 동물과 달리 신체 자체가 아닌 연장, 의복 등 기술을 발전시키며 환경변화에 적응하였다. 그림 2-2는 인류의 진화과정을 간략하게 보여주고 있다.

인류의 조상이 처음 탄생한 곳은 동아프리카의 대지구대(Great Rift Valley)라는 곳으로 250-300만 년 전 전반적으로 침팬지를 닮았으나, 골반과 다리뼈는 직립보행(直立步行)을 한 것으로 보이고, 엄지손가락이 크고 다른 손가락과 마주보는 현생인류와 유사한 특징을 갖는 원숭이가 나타났다. 이를 우리는 오스트랄로피테쿠스(Australopithecus, 南方猿人)라고 부른다.

유인원으로부터 인류에로의 진화에 기후가 중요한 역할을 하였다는 주

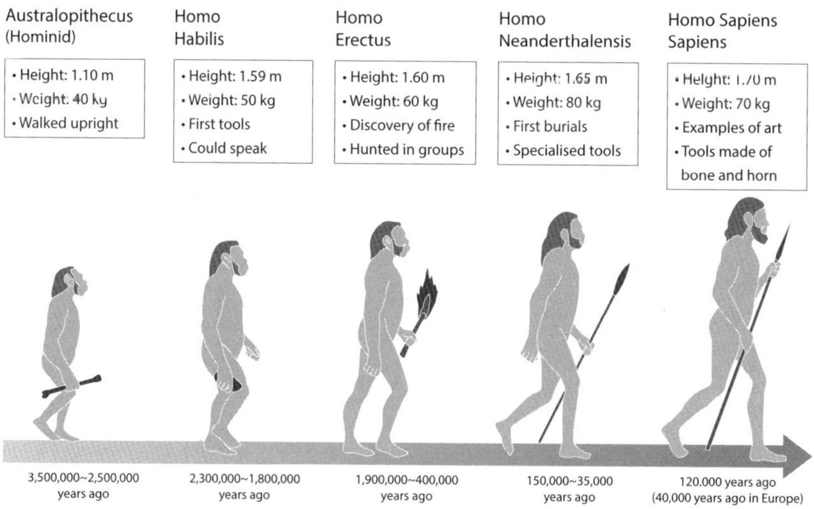

그림 2-2 인류의 진화과정

장에 사바나가설(Savannah Hypothesis)이 있다.[16] 이 가설은 인류의 탄생이 동아프리카 지구대의 동쪽지역이 융기함에 따라 기후가 점차 건조해지던 시기에 발생했을 것이라고 설명한다. 이 지구대는 지부티에서 말라위호까지 이어지는 계곡지형으로 군데군데 화산들이 자리 잡고 있다. 지구대가 융기함에 따라 기후환경이 훨씬 다양해졌다. 특히 새로 생긴 산맥이 해양으로부터 전달되어 오던 수분을 막아, 지구대에 의해 아프리카대륙의 기후는 둘로 나뉘기 시작했다. 지구대 서쪽의 열대기후지역은 계속 습한 기후를 유지했으므로 수풀이 무성했던 반면, 동쪽은 기후가 건조해져서 숲이 점차적으로 초원으로 바뀌었다. 대부분의 원인(猿人)의 화석은 이 지구대 동쪽에서 발견되고 있다. 실제로 고기후 자료들은 동아프리카에서 지난 400만 년동안 서서히 기온이 떨어지고, 더 건조해짐에 따라 삼림이 초원으로 바뀌어가는 변화를 보여주고 있다(그림 2-3).[19]

열대우림지역에서 나무열매를 따먹던 유인원이 열대우림이 사라져 생활의 근거가 상실되자 땅 위로 내려와 음식물이 풍족하지 못한 초원에서 먼 거리를 이동하기 위해 직립보행으로 진화하였다. 직립보행으로 손이 자유로워진 것이 도구의 사용을 촉진시켰으며, 이는 또한 뇌의 발달을 촉진시켰다. 도구가 처음에는 아마도 죽은 동물을 잘라내는 데 주로 사용되었으리라 여겨지며, 이를 통해 골수를 포함해서 죽은 동물로부터 보다 많은 영양분을 얻어낼 수 있었을 것으로 추측된다. 우리는 열대정글에 남아 있던 침팬지와 고릴라의 조상은 특별히 진화의 필요성을 못 느껴 지금까지 그대로 살고 있는 반면, 초원으로 나온 인류의 조상은 수많은 진화를 거쳐 오늘날의 현생인류에 이르렀다고 생각해 볼 수도 있다.

이후 인류는 호모하빌리스(homo habilis, 230−180만 년 전), 호모에렉투스(homo erectus, 直立猿人, 190−40만 년 전), 호모사피엔스(homo sapiens, 40−30만 년 전

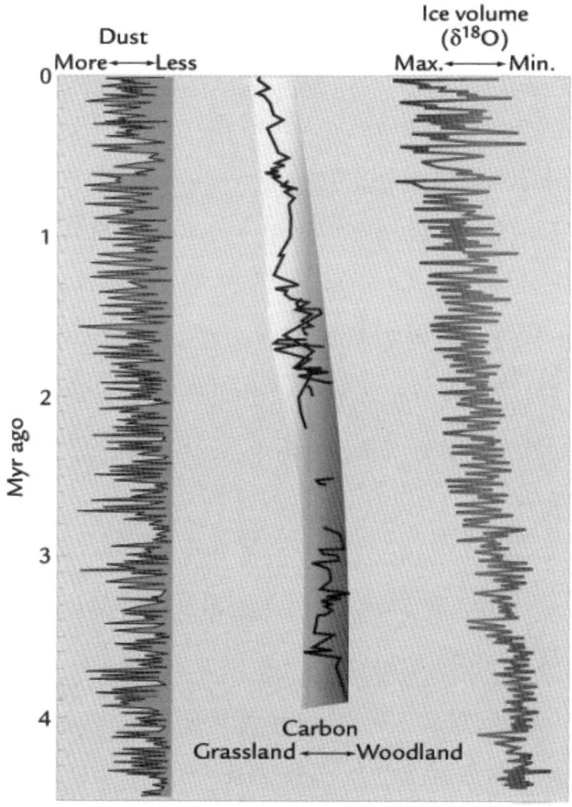

그림 2-3 북아프리카에서는 지난 450만년에 걸쳐 서서히 기온이 감소하고(O18 동위원소), 건조해지는(숲에서 초원으로, 먼지의 양의 증가) 경향을 보여주고 있다.[19,80]

출현) 등으로 진화하였다. 호모사피엔스에는 현생인류인 호모사피엔스사피엔스(homo sapiens sapiens)와 네안델탈인(homo neanderthalensis)이 있다.

약 190만 년 전 처음 아프리카에서 나타난 호모에렉투스는 유럽과 대부분의 아시아로 퍼져나갔다. 자바원인, 북경원인 등이 이에 해당한다. 호모에렉투스가 인도네시아의 자바까지 퍼졌다는 사실은 빙하시대였던 이 시기에 해수면의 하강으로 인도네시아가 아시아대륙에 연결되어 있었음을 말해주고 있다. 호모에렉투스의 유골은 동아프리카에서도 발견되었다. 동아프리카 대지구대의 호수의 변화 등 고기후 자료로부터 약 150만 년 전 매우 심한 기후변화가 발생했던 것으로 추정되고 있는데, 이 시기는 또한 인류의 진화가 급격하게 이루어지던 시기와 일치한다.[61] 이 시기에 호모하빌리스가 멸종하였으며, 호모에렉투스는 아프리카 밖으로 나오게 되었다. 빙하시대였던 이 시기에는 홍해(Red Sea)가 없어, 아프리카로부터 쉽게 빠져나올 수 있었다. 우리는 호모에렉투스가 넓게 퍼져나간 이유로서 매우 뛰어난 수렵, 채취 기술을 가지고 있던 덕분에 인구가 증가하여 기존의 생활면적에서는 한계에 도달해 새로운 삶의 터를 찾아 끊임없이 퍼져나갔을 가능성을 생각할 수 있다.

호모에렉투스는 오스트랄로피테쿠스에 비교하여 키, 사지, 뇌가 커서 훨씬 현생인류의 모습에 가까웠다. 뇌의 부피는 오스트랄로피테쿠스는 400−500cm^{3}에 대하여, 호모에렉투스는 800−1000cm^{3}를 갖는다. 현생인류는 1100−1500cm^{3}의 크기를 갖는다. 호모에렉투스는 불, 언어, 손도끼 등을 사용했을 것으로 추정된다. 불을 처음 사용한 흔적은 100만 년 전까지도 거슬러 올라가지만, 일반적으로 40만 년 전경부터 본격적으로 불을 사용했던 것으로 보인다. 불과 도끼의 덕택으로 동물성 단백질의 섭취가 증가하면서, 호모에렉투스는 이전 보다 더 우수한 신체구조를 가질 수 있게 되었다.

20−3만 년 전 빙하시대에 존재했던 네안델탈인은 유럽을 중심으로 서아시아, 아프리카 등에 분포하였다. 석기의 제작기술을 가지고 있었고, 불을 사용하였으며, 매장의 풍습을 가지고 있는 등 빙하시대에 적합하게 진화한 강한 수렵인이 되어 있었다. 현생인류는 10−15만 년 전 아프리카에서 출현하였다. 현생인류는 10만 년 전 아프리카를 떠나 유라시아대륙으

로 전파되게 되었다. 현생인류가 중동, 유럽으로 진출했을 때에는 네안델탈인이 이미 그곳에 거주하고 있었다. 현생인류와 네안델탈인은 한동안 공존하였을 것으로 추정된다. 현생인류와 네안델탈인은 빙하시대의 추운 기후를 견뎌내야 했다. 현생인류는 네안델탈인보다 더 작은 얼굴, 더 가벼운 두개골, 더 곧바른 수족으로 빙하시대 이후 온난화기에 더 잘 적응했을 것으로 여겨진다. 또 고기를 주식으로 하는 네안델탈인과 달리 사냥과 채집, 물고기, 조개류 등 보다 다양한 식생활을 하였기 때문에 기후변화에 적응하기가 더 쉬웠을 것으로 여겨진다.

그림 2-4는 동아프리카에서 탄생한 인류의 조상이 어떻게 퍼져나갔는지를 보여준다. 빙하시대 동안 아메리카 대륙, 오스트레일리아가 유라시아 대륙에 연결되어 있고, 영국, 일본 등의 섬도 대륙에 연결되어 있어 인류가 전 세계로 퍼져나가기에 용이하였다. 약 5만 년 전 호주대륙과 아시아

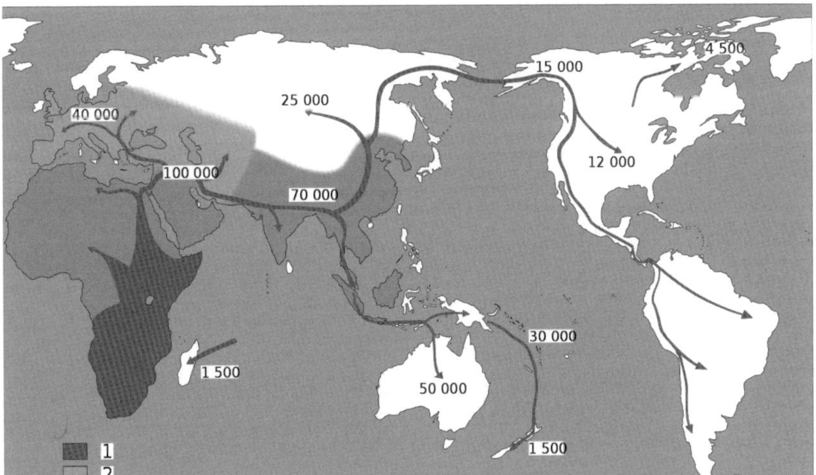

그림 2-4 인류의 확장 경로(1: 현생인류, 2: 네안델탈인, 3: 호모에렉투스)

대륙이 이어졌을 무렵 인류는 호주로 넘어갔다.

인류가 신대륙으로 넘어간 시기는 불과 15000년 전이었다. 다시 말하면 현생인류 이전의 어떤 인류의 조상도 신대륙에는 존재하지 못했다. 빙하시대가 한창이었던 2만 년 전까지는 너무 추워 인류가 시베리아로 퍼져나갈 수가 없었다. 이후 기후가 점차적으로 온난해지면서, 인류가 시베리아로 퍼져나가고, 15000년 전경에는 베링해협에 도달했던 것으로 추정된다. 한편, 빙하시대가 끝나고, 기온상승이 지속됨에 따라 12000년 전경에는 베링해협이 생겨 더 이상 신대륙을 건너갈 수 없게 되었다. 신대륙으로 건너간 인류는 상당히 빠른 속도로 퍼져나가 약 12000년 전에는 이미 남아메리카 대륙 전역으로 퍼져나갔다. 신대륙의 가장 오래된 인류의 흔적으로 약 16000–15000년 전 유적이 캐나다의 동굴에서 살이 떨어져 나간 매머드의 뼈와 함께 발견되었는데, 이는 다름아닌 시베리아 동부에서 발견된 것과 매우 유사한 석기들이었다. 어떻게 당시 빙하로 뒤덮여 있던 북아메리카 대륙을 통과하고 남쪽으로 퍼져나갔는가에 대한 질문이 남는데, 이를 설명하기 위해 캐나다의 로렌타이드빙상과 록키산맥의 코르딜레라빙상(Cordilleran Ice Sheet) 사이에 앨버타주를 통과하는 빙하에 덮여있지 않은 통로가 생겨나 이를 통해 퍼져나갈 수 있다는 이론이 제시되었었다(그림 3–2 참조). 그러나 최근에는 그 당시 이러한 통로가 존재할 가능성에 대한 의문이 제시되고, 칠레 남부에서 초기단계의 인류의 흔적이 발견되는 점 등으로 보아 주로 서해안을 따라서 남쪽으로 내려간 것이 아닌가 하는 주장이 제기되고 있다. 칠레 남부의 몬테베르데에서 14000년 전경의 인류의 흔적이 발견되었다. 한편 고대 문명이 태어난 안데스산맥의 고지대에도 12400년 전 인류의 흔적이 발견되었다.[54]

그 당시 인간의 활동을 알 수 있는 가장 오래된 증거는 동굴벽화이다.

그림 2-5 프랑스 라스코(Lascaux)에서 발견된 동굴벽화. 17000 년경 전 그려진 것으로 추정

노르도뉴, 피레네 등 프랑스와 북부 스페인의 약 40000-15000년 전 벽화는 마지막 빙하기의 환경을 우리에게 말해준다(그림 2-5). 이는 초원에서 활과 창으로 사냥당하는 들소, 매머드, 하마, 사슴, 말 등의 야생동물들의 그림이다. 빙하로부터 벗어난 이 지역 계곡의 동굴에서 빙하기의 혹독한 환경에 적응하여 생존하고 있었음을 보여주고 있다. 동굴벽화에 그려진 동물들은 대부분 초원에 서식하는 대형포유동물들로 숲속에 서식하는 동물들의 모습은 거의 없다. 빙하시대에는 강수량이 적어 빙하에 뒤덮여 있지 않은 지역도 대부분 초원의 형태를 띠고 있었다. 빙하기의 인류는 빙하, 해양, 산맥 등에 의해 지리적으로 제한을 받으며, 낮은 밀도로 퍼져 수렵, 채취 생활을 이어갔다. 인간들은 산간에 있는 동굴에서 추위를 견디며, 계절에 따라 초원을 이동하는 대형포유동물을 수렵하며 지냈다.

그러나 인류는 다른 동물들과는 달리 지적능력을 발휘하여 빙하시대의 극한 환경에서 살아남을 수 있었다. 약 3만 년 전에 실과 바늘이 발명되었다. 러시아의 모스크바 부근에서 발견된 약 3만 년 전 벽화에서 의복의 흔적을 보여주고 있다. 실과 바늘로 모피를 몇 장 겹쳐 옷을 짓는 것이 가능하게 되었는데, 이는 그냥 겹쳐진 옷보다 보온 효과가 뛰어나, 인류가 추운 지역으로 퍼져나가는데 크게 도움을 주었다. 약 2만 년 전에는 수렵도구로서 활이 사용되기 시작하였다. 기후가 온난화해짐에 따라 대형포유동물들은 멸종하고, 숲속에 사는 작은 동물들만 남게 되었는데, 따라서 인류는 보다 정교한 석기와 사냥기술을 개발하지 않으면 안 되었다.

제3장

BC 12000–BC 3000: 빙하시대 이후 온난화기 – 농업의 탄생

1 빙하기의 종언과 영거드라이아스기

BC 13000년경부터 마지막 빙하기가 끝나면서 기후가 온난해지기 시작하였다. 그러나 빙하시대가 끝나고 기온이 현재 기온으로 지속적으로 증가만 한 것은 아니었다. 그림 1–2의 얼음코어(ice core)(II–3–1(2) 참조)로부터 얻어지는 그린란드 빙하자료와 그림 3–1의 북대서양 지역의 해양퇴적물, 나이테 자료 등은 온난해지던 기후가 BC 10500년경 다시 급격히 한랭화하여 거의 빙하시대 수준으로 되돌아갔었음을 보여주고 있다. 이 시기를 영거드라이아스기라 부르는데, 이는 건조한 툰드라지역에 서식하는 드라이아스(Dryas)라는 꽃의 꽃가루가 이 시기에 유럽에서도 발견되었던데 유래한다. 영거드라이아스기는 약1000년 간 지속되다가 다시 현재의 상태로 급격히 되돌아왔다(그림 3–1).

그러면 이러한 급격한 기온하강은 왜 일어났을까? 마지막 빙하기동안 북미대륙에 있는 거대한 로렌타이드빙상이 온난화가 진행되는 동안 서서히 융해하여, BC 11000년경 오대호 서쪽으로 거대한 호수를 형성하였다(그림 3–2).[24] 이를 아가시호(Lake Agassiz)라고 부르며, 그 면적은 오대호를 다

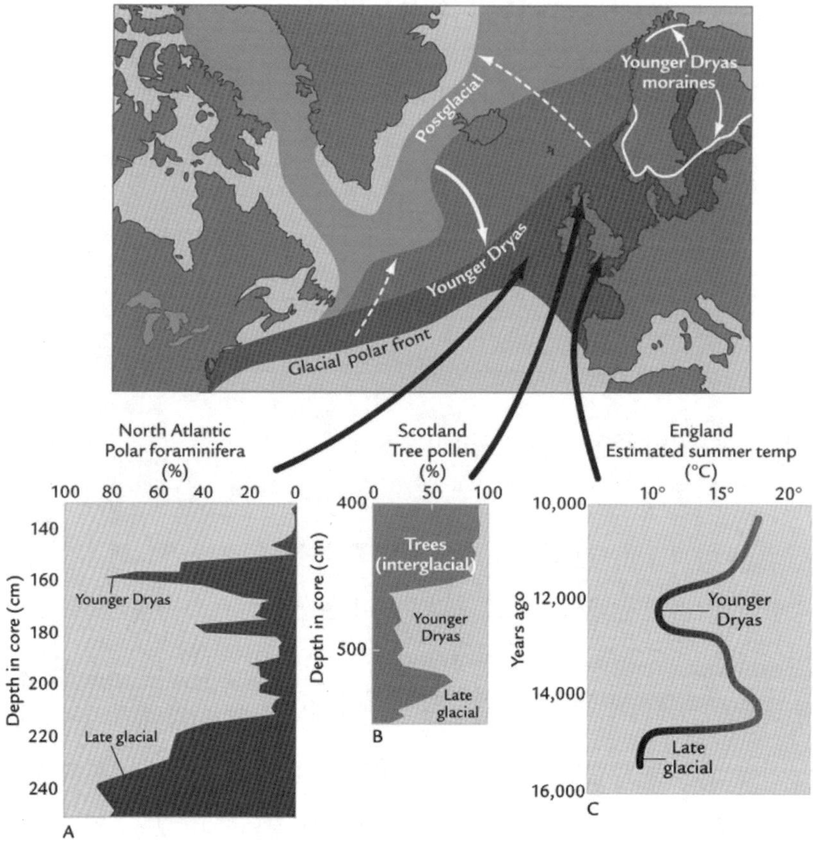

그림 3-1 빙하시대, 영거드라이아스기와 현재의 해양 극전선의 위치의 변화와 이에 따른 기후변화를 보여주는 고기후 자료(해저퇴적물의 유공충자료, 스코틀랜드의 나이테자료, 잉글랜드의 곤충화석자료). 극전선은 멕시코만류의 북쪽에 위치한다.[80]

합친 것보다도 훨씬 더 넓었다. 로렌타이드빙상의 융해가 계속되고, 이에 따라 아가시호의 저수량이 계속 증가함에 따라, 드디어 범람하게 되었다. 호수의 물은 원래 미시시피강을 따라 멕시코만으로 흘러 들어갔었는데, 범람을 하게 되면서, 물의 흐름이 바뀌어 오대호와 센트로렌스강을 거쳐 북대서양으로 흘러들어가게 되었다.[8]

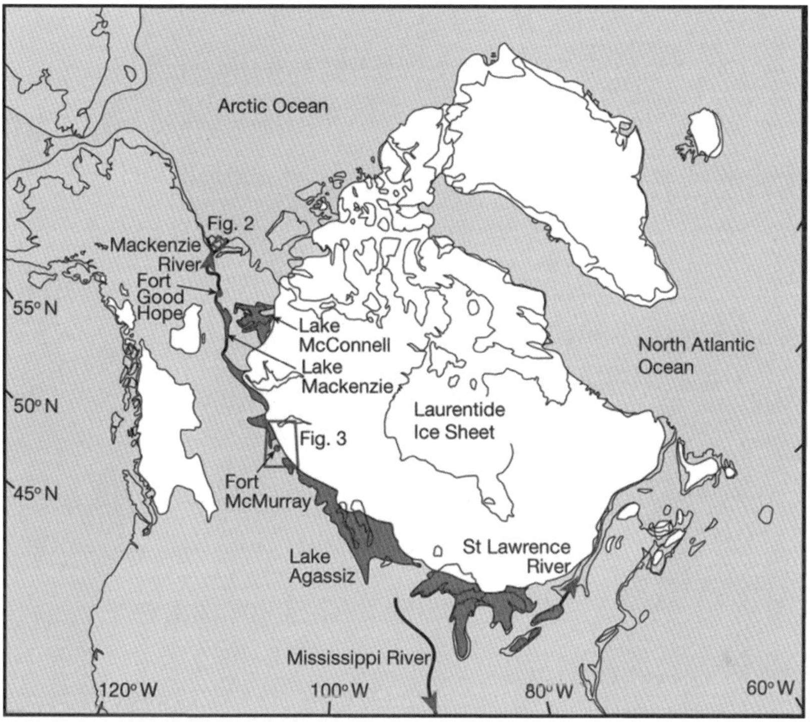

그림 3-2 빙하기 이후의 북미대륙 빙하의 축소.[66] 여기서 오대호 북쪽의 큰 빙상이 로렌타이드빙상, 록키산맥에 있는 작은 빙상이 코르딜레라빙상이다.

이렇게 북미대륙에 있던 거대한 빙상이 융해되어, 북대서양으로 엄청난 양의 담수가 흘러들어오게 되면서, 해양표층의 염도가 매우 낮아지게 되고, 이에 따라 해수의 밀도도 낮아지게 되었다. 표층해수의 밀도가 낮아지면서, 원래 북대서양 그린란드 부근에서 심층으로 가라앉던 해수가 더 이상 가라앉지 못하게 되었으며, 이로 인해 유럽까지 흘러들어와 서유럽을 온난하게 유지시켜주던 따뜻한 멕시코만류가 더 이상 흘러들어오지 못하게 되었다(II-2-2(4) 장 참조). 멕시코만류가 저위도로부터 많은 열을 전달해주는 덕택으로 고위도임에도 불구하고 온난한 기후를 유지하고 있던 유럽은 멕시코만류가 흘러들어오지 않게 됨에 따라 기온이 갑자기 하강하게 되었다. 그림 3-1은 영거드라이아스기 동안에는 멕시코만류가 유럽에 도달하지 못했던 것을 보여주고 있다. 여기서 극전선(polar front)은 남쪽에서 올라오는 멕시코만류와 북쪽의 차가운 북극해수의 경계선을 나타낸다. 이후 태양복사에너지가 계속 증가하는 가운데 북대서양의 증발량이 증가하고, 염도도 다시 증가하면서, 영거드라이아스기는 약 1000년 만에 끝나고, BC 9500년경에 멕시코만류가 부활했다. 이후 BC 6200년경에도 아가시호의 범람이 있었으나, 영거드라이아스기와 비교하여 그 크기도 작고, 기간도 짧았다.

멕시코만류에 의한 열전달이 멈추게 된 것은 대기순환의 변화를 통해 유럽뿐만 아니라 북반구 전체에 영향을 끼쳤다. 북반구에서 멕시코만류에 의한 저위도에서 고위도로의 열전달이 감소함에 따라 열대수렴대, 아열대고기압대, 편서풍대 등의 대기순환의 패턴 전체가 남쪽으로 밀려 내려가게 되었다(II-1-5 참조). 이에 따라 강수대도 남쪽으로 이동하게 되었다. 또 대

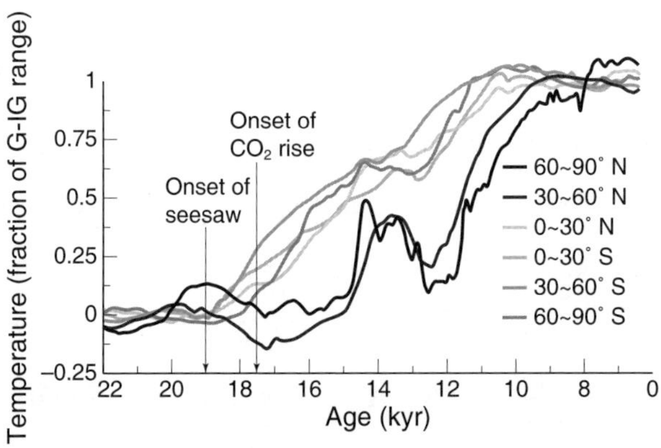

그림 3-3 빙하시대 이후 위도구간별 기온변화.[83] 영거드라이아스기는 북반구에만 나타남을 알 수 있다. (30–60° N와 60–90° N의 진한 실선)

기순환의 패턴이 남쪽으로 밀려 내려가면서, 북반구에서는 대기순환이 약화되고, 그 결과로 계절풍도 약해져 여름에는 강수가 감소하고, 겨울에는 건조한 북풍이 강해졌다(II-1-5 참조). 한편 적도에서 북반구로 가지 못하게 된 열이 남반구로 가게 됨에 따라 남반구로는 오히려 더 많은 열이 전달되어 온난화가 가속화 되었다. 따라서 영거드라이아스기는 북반구에서만 발생하였으며, 남반구에서는 빙하시대 이후 온도가 지속적으로 증가하였다(그림 3-3).

약 1000년간 지속되던 영거드라이아스기가 끝나고, 온난화가 본격적으로 시작되었다. 온난화가 계속되어 BC 6000-3000년경 홀로세에서 가장 기온이 높았던 온난, 다습한 시기가 있었는데, 이를 기후최적기라고 부른다.

2 해수면의 상승과 홍수신화

빙하시대가 끝나고 온난화가 지속되면서, 해수면은 120m 이상 상승하였으며(그림 3-4), 강수량도 크게 증가하였다. 특히, BC 8000-5000년 동안 가장 급격하게 해수면 상승이 일어났으며, 해수면상승은 기온상승이 멈춘 뒤에도 계속되다가 BC 2000년경이 돼서야 멈췄다. 이는 빙하가 녹는데 시간이 걸리므로, 해수면의 상승은 기온상승 이후 1000년 이상의 시간 간격을 두고 더 늦게 나타나게 되었기 때문이다. 이 시기 해수면이 상승함에 따라 베링해협이 나타나, 더 이상 신대륙으로 건너갈 수 없게 되었으며, 영국이나 일본 등의 섬이 대륙으로부터 떨어져 나갔다.

이 시기와 관련된 흥미로운 가설 중의 하나로 흑해홍수가설(Black Sea Deluge Hypothesis)이 있다.[82] 빙하시대에는 지중해와 흑해가 갈라져 있었고,

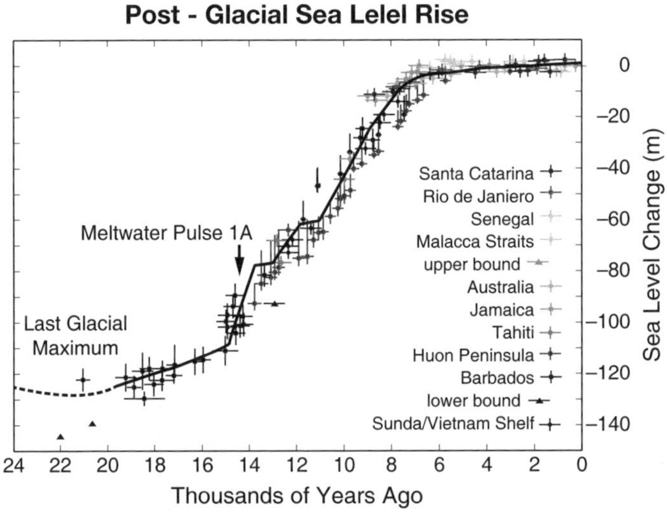

그림 3-4 빙하시대 이후의 해수면 상승.[30,64,65]

지금의 보스포루스해협은 육지로 연결되어 있었다. 또 빙하시대에는 흑해로 흘러들어가는 강물줄기가 북극해 쪽으로 이동하여 흑해의 해수면이 낮아져 있던 상태였다. BC 6400년경 어느 날 보스포루스해협에서는 갑자기 우렁찬 굉음을 들을 수 있었을 것이다. 흑해의 수위는 지중해보다 100m 이상 낮았었는데, 온난화에 의해 해수면이 상승함에 따라 어느 날 갑자기 지중해와 흑해가 이어지고, 지중해의 물이 나이아가라폭포처럼 엄청난 속도로 흑해로 밀려들었을 것이다. 이로 인해 흑해의 해수면이 급격히 상승하고, 흑해 연안의 마을들이 물밑으로 잠기게 되었다(그림 3-5). 흑해 연안의 해저면에는 고고학적 흔적들이 발견되었는데, 그 당시 흑해 연안에는 이미 농업을 시작한 상태로서 정착해서 살던 마을이 물에 잠기게 됨에 따라 다른 곳으로 피난을 가면서 버려진 유적으로 보인다. 또 마을을 떠난 사람들과 함께 농업이 넓게 퍼져나가게 되었을 것이라고 여겨지고 있

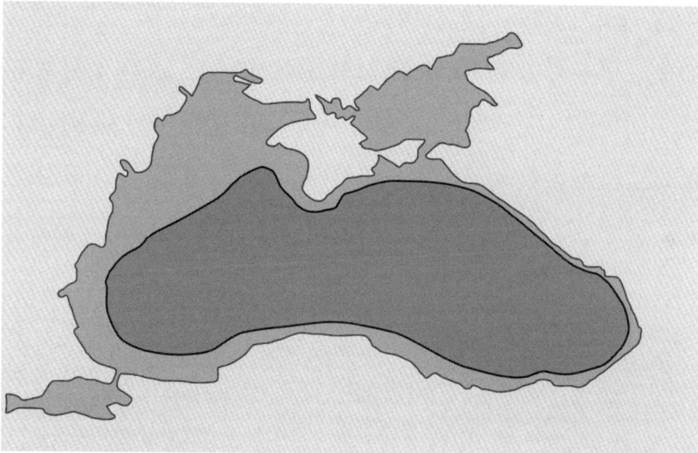

그림 3-5 현재와 BC 5600년의 흑해.[80]

다. 하지만 흑해와 지중해의 해수면고도의 차이의 정도, 그리고 이에 따른 흑해홍수의 강도가 그렇게까지 크지 않았을 것이라고 반론을 제기하는 학자들도 있다.

영거드라이아스기가 끝나고, 기후최적기까지 해수면이 크게 상승하였을 뿐만 아니라, 강수량도 크게 증가하였다. 따라서 폭풍, 해일 등이 발생하게 되면, 해수면은 급격하게 더욱 상승하였다. 초기의 인류는 고기잡이를 할 수 있고, 소금 등을 쉽게 구할 수 있는 장점이 있는 바닷가에 많이 살았는데, 해수면의 급격한 상승으로 말미암아 목숨을 잃는 일이 많았을 것으로 예상된다. 이러한 선조들의 경험의 기억들이 구약성서에 나오는 노아의 방주전설을 포함하여 수많은 민족의 신화에서 홍수신화의 형태로 나타나고 있다고 여겨진다. 중국에서도 9년 동안 계속된 전설적인 홍수가 발생했는데, 이를 극복하기 위한 치수(治水)사업에 성공한 우(禹)가 하(夏)왕조를 세우게 되었다는 신화가 나타나고 있다.

또 기후최적기 이후 기후가 악화된 뒤, 기후최적기에 대한 그리움이 구약성서에 나오는 에덴동산이나, 중국의 고대신화에 나오는 삼황오제(三皇五帝)전설 등과 같은 지상낙원의 신화에 반영되고 있는 것으로 보인다. 구약성서에 나오는 노아의 방주나 에덴동산에 해당하는 신화는 인류 최초의 문

그림 3-6 길가메시의 서사시가 기록되어 있는 점토판

명인 수메르문명에서 설형문자(楔形文字)로 점토판에 기록된 길가메시(Gilgamesh)서사시에 이미 나타나고 있다(그림 3-6). 길가메시는 BC 2600년경 고대 메소포타미아의 수메르문명 초기시대인 우루크 제1왕조의 전설적인 왕으로, 그의 무훈담을 기록한 길가메시서사시가 BC 2000년대의 점토판에 기록되어 있다.

지질학적 기록으로부터 우리는 기후최적기에 페르시아만이 해수면 상승에 의해 수백 km 내륙으로 밀려들어가면서 연안에 있던 마을들이 물에 잠기게 되었음을 확인할 수 있다. 빙하시대가 끝날 무렵 페르시아만은 여전히 육지였으며, 해수면은 지금보다 90m 더 낮았다. 그러나 해수면이 상승하면서, 새로 생긴 페르시아만은 경사가 매우 낮은 메소포타미아평원에 큰 범람을 일으켰다. BC 597년 예루살렘을 정복한 신바빌로니아왕 네부카드네자르 2세에 의해 바빌론으로 끌려갔던 유대인들이 바빌론에 포로로 붙잡혀있는 동안 (바빌론유수) 그곳의 신화를 접하게 되었을 것이다. BC 538년에 바빌론을 점령한 페르시아의 왕 키로스 2세에 의해 이스라엘로의 귀환이 허용되어 돌아간 뒤 바빌론에서 얻어들은 신화들을 구약성서에 담게 되었을 것으로 여겨진다.[10]

3 농업의 탄생-신석기혁명

빙하시대가 끝나고 온난화가 진전되는 시기에 인류문명의 발전단계의 중요한 첫 걸음을 내디디게 되는데, 그것이 바로 농업의 시작이었다. BC 9000년경 인류문명의 요람인 중근동의 메소포타미아로부터 레반트를 지나 이집트로 이어지는 소위 비옥한 초승달(Fertile Cresent) 지역의 북쪽인 터

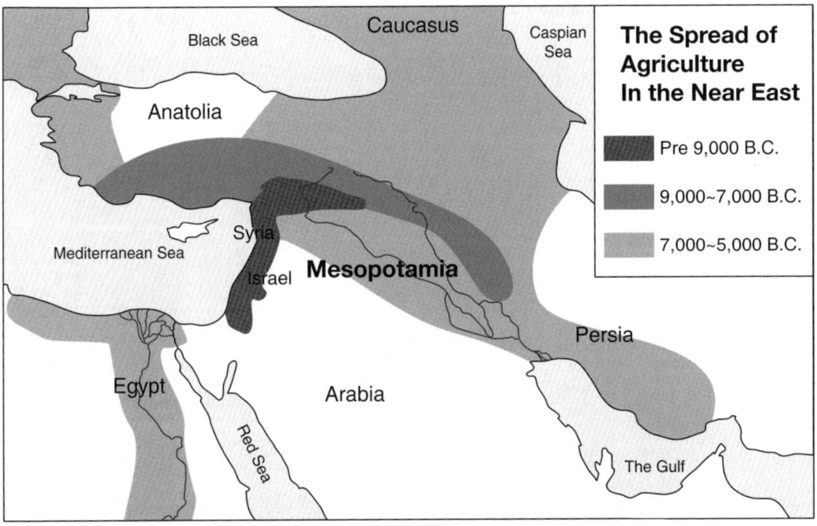

그림 3-7 중근동에서의 농업의 발생 및 전파

키의 자그로스산맥지역에서 발생했다(그림 3-7). 농업은 이후 시간적 차이를 두고 세계 각지에서 독립적으로 발생하였다. 중국에서는 조금 늦은 BC 7000 년경, 그리고 사하라 이남의 아프리카와 신대륙에서는 훨씬 나중인 BC 3000−2000년경 발생하였다(그림 3-9).

농업의 발생은 인류사회를 근본적으로 바꾸어 놓았다. 정착생활을 하게 되고, 소유의 개념이 생겼으며, 농업에 의해 증가된 식량의 공급은 종교, 행정 등 비생산적 인구를 가능케 하고, 교역을 발생시켜, 궁극적으로 고대문명이 태어나기 위한 디딤돌을 마련하였다. 기술발달단계에서 이 시기는 신석기시대와 일치하므로, 우리는 농업의 시작을 신석기혁명(新石器革命, neolithic revolution)이라고도 부른다. 하지만 우리가 혁명이라고 부르는 이 사건은 1000−2000년의 시간에 걸쳐 발생하였다는 점을 명심할 필요가 있다.

농업의 발생원인에 관해 여러 가지 설이 있으나, 사냥기술의 발달에 의한 대형포유동물(megafauna)의 감소, 인구증가에 따른 압박 등이 제시된 바 있다. 한편, 농업이 발생되던 시기가 온난화의 진행 중 갑자기 빙하시대로 되돌아갔던 영거드라이아스와 일치하는 점은 매우 흥미롭다. 좀 더 정확하게는 영거드라이아스기로부터 기온이 회복하던 시기에 농업으로의 이전이 급격히 이루어졌다.[9] 이는 영거드라이아스기 동안 악화된 기후가 농업발생의 방아쇠 역할을 했을 가능성을 암시한다. 예를 들면, 오늘날까지도 수렵채취 생활을 해오고 있는 남부 아프리카, 오스트레일리아, 아마존의 원주민 들이 농업생활로 넘어가지 않은 가장 큰 이유는 인구밀도가 낮고, 주위에 야생 동식물이 풍부해 굳이 농업을 할 필요가 없기 때문이다. 빙하시대가 끝나고 온난화되던 시기 급격하게 늘었던 인구로 인해 영거드라이아스기가 덮치자, 더이상 주위의 동식물에 의존하는 수렵채취 생활을 유지하기가 매우 어려워졌을지도 모른다.

빙하시대가 끝나면서 인류가 전 세계에 퍼져나가던 시기에 매머드와 같은 대형포유동물이 멸종하게 되었다. 지구상에 5만 년 전에 45kg 이상의 대형포유동물의 종수가 150종을 넘었으나, 1만 년 전에는 코끼리, 코뿔소, 하마 등 50종 이하로 줄어들었다. 멸종의 원인에 대해서는 인류의 남획에 의해 대형포유동물이 멸종했다고 보는 견해와 빙하시대가 끝나면서 건조했던 초원이 습지대로 바뀌는 기후환경의 변화가 대형포유동물에 적합하기 않게 되었다는 견해가 있다. 빙하시대가 끝나고 삼림이 확장되어, 툰드라지역 등에 살던 서식공간이 점점 줄어들었던 점, 생태계의 변화에 따라 영양섭취원을 잃어버린 점, 저위도지역에서는 증발을 잘 못하는 피부를 가진 매머드와 같은 대형포유동물들이 온난화에 따른 습도의 증가에 적응하기 어려웠던 점, 북아메리카 평원으로 인류가 진출했을 무렵에는 많은 대형포유동물들이 이미 멸종해 있었던 점, 그 당시에는 인구가 너무 적어 수렵을 했어도 그 영향은 미미했을 것으로 보이는 점, 또 식용육으로 매력적이었던 들소가 살아남은 점 등은 사냥이 멸종의 중요한 요인이 아닐 가능성을 말해주고 있다. 하지만 많은 빙하기-간빙기를 살아남은 매머드 등의 대형포유동물이 유독 마지막 빙하기에 멸종한 점, 호주와 남아메리카에 대형포유동물이 멸종한 4만-5만 년 전경, 1만2천 년 전경은 인류가 호주와 남아메리카로 들어갔던 시기와 일치하는 점은 사냥설을 뒷받침하기도 한다.

앞서 농업이 인류사회에 미친 가장 중요한 영향으로서 정착생활을 들고 있지만, 최근의 고고학적 발굴로부터 우리는 농업이 시작되기 전에 이미 인류는 정착생활을 시작했었다는 것을 알게 되었다. BC 10000년경 인류 최고(最古)의 종교의식 장소가 터키 아나톨리아지방의 괴베클리 테페(Göbekli Tepe)에서 발견되었다(그림 3-8). 그림 2-6과 같은 동굴벽화는 그보다 수천 년 전에도 있었지만, 이 유적에서 발견된 기하학적인 형태의 기념물들은 종교적 사회조직을 추측케 한다. 레반트지역에서도 농경생활 이전의 정착생활의 흔적이 많이 발견되었으며, 이를 나투프(Natufian)문화라고 부른다. 이 유적의 유골들은 기근이나 전쟁으로 인한 부상의 흔적이 없었다. 이는 그 당시 수렵채취생활만으로도 풍족한 생활을 할 만큼 기후환경이 좋았었다는 것을 시사한다. 빙하시대가 끝나고, 기후가 온난해지면서, 수렵, 채취의 대상을 공급하는 생태계가 매우 풍요로워져, 멀리 돌아다니지 않더라도 식량의 공급이 가능해졌을 것이다. 이 덕분에 인류 최초로 정착생활을 시작하게 되었으며, 수렵, 채취한 식량들을 저장하였을 것이다. 나투프문화는 레반트 전 지역으로 퍼져나갔다. 그러나 BC 11000년경 영거드라이아스기가 도래하자 정착생활을 포기하고 다시 떠돌아다니는 생활로 돌아갔던 흔적을 남기고 있다.[9] 아마도 악화된 기후로 메

그림 3-8 괴베클리 테페 유적지

말라진 땅에서 살아남기 위해서는 더 이상 한군데 머물 수 없고, 사냥과 채취로 식량을 얻기 위해 보다 넓은 지역을 돌아다녀야 할 필요가 생겼을 것으로 보인다.

정착생활을 하면서, 채취한 곡식을 다루는 중 일부 떨어뜨리게 되고, 이를 통해 이듬해 곡식이 자라는 것을 발견하며 농사에 대한 아이디어를 얻을 수 있었을 것이라고 상상할 수 있다. 하지만 온난한 기후와 풍요로운 자연환경 아래서는 굳이 수렵, 채취 생활을 버리고 농업을 시작할 동기가 발생하지 않았다. 빙하기가 끝나고, 온난해지면서 전 세계의 인구가 급증하였다. 빙하기에 200–300만 명 정도의 인구가 영거드라이아스기 직전에 850만 명 정도로 증가했다고 추정되고 있다.[104] 레반트에서 남획에 의해 가젤이 사라졌다. 또 시간이 흐를수록 보다 민첩한 동물들까지 사냥을 하게 되었다. 인구는 증가하고, 사냥할 동물의 수는 줄어든 가운데 영거드라이아스기가 닥치면서, 수렵채취로 살아가는 것이 한계에 다다르게 되었으며, 살아남기 위해 농업을 시작하게 되었을 것이라 추정할 수 있다. 이를 뒷받침하는 고고학적 유적의 하나로서, 레반트 지역의 아부 후레이라(Abu Hureyra) 정착유적에서는 영거드라이아스기가 닥치자 정착생활을 버리고 야생으로 돌아갔으며, BC 9000년경 되돌아왔을 때에는 수렵채취인이 아닌 농업인으로 바뀌어 있었음을 보여주고 있다. 즉 가젤 대신 양, 염소의 고기를 먹었으며, 밀과 보리의 재배의 흔적을 보여주고 있다. 농사의 지혜를 얻은 인류는 영거드라이아스기가 끝나고 다시 온난한 기후로 돌아오면서, 농업지역의 확장과 인구의 증가와 함께 빠른 속도로 농업사회로 들어서게 되었다.

농업이 최초로 시작된 지역인 터키의 자그로스산맥지역은 건조한 산악지형의 특징을 가지고 있다. 건조한 지역의 식물은 매년 말라죽고 씨를 재생산하며, 조악한 도구로도 개간이 용이하다. 한편 고지대는 짧은 거리에 다양한 식생을 포함하고 있다. 재배에 적합한 일년초의 3분의 2가 비옥한 초승달 지역에 집중되어 있었다는 점이 이 지역에서 농업이 최초로 발생하게 된 주요한 요인이었다는 주장도 있다.[22] 마지막으로 고도와 지형이 매우 다양하여 영거드라이아스기 동안에도 충분히 강수량이 많고, 온난한 지역이 존재하여 이러한 지역으로 사람들이 몰려들었으리라 여겨진다. 이렇게 발생된 농업은 영거드라이아스기가 끝나고, 온난해지며, 농업에 적합한 기후환경이 늘어남에 따라 급격히 넓은 지역으로 퍼져나갔다.

중국남부에서는 적어도 BC 6600년경에 쌀이, 북부에서는 BC 4000년경에 수수가 재배되었다. 뒤 이어 아메리카 대륙에서는 남부멕시코에서 옥수수가 안데스고원에서 감자가 각각 재배되기 시작하였다. 시작한 시기는 분명치 않으나, 서아프리카와 뉴기니에서도 수수(sorghum), 토란(taro) 등의

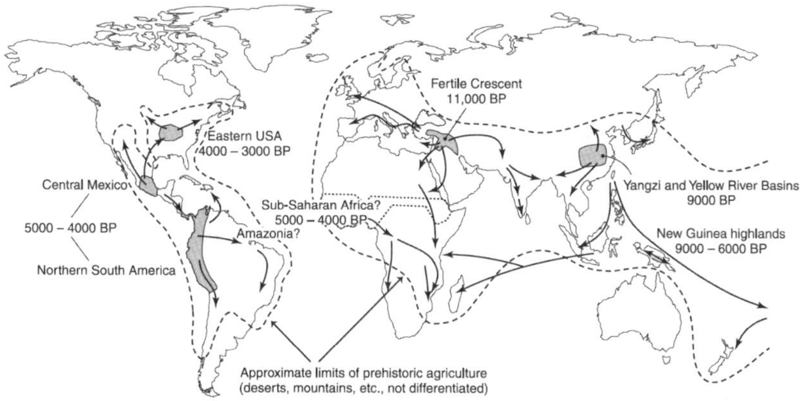

그림 3-9 농업의 발생.[22]

재배를 시작하였다. 비옥한 초승달 지역에서 최초로 농업이 시작되는 것은 앞에서 서술한 것처럼 빙하시대 이후의 온난화와 영거드라이아스기의 엄습과 밀접한 관계가 있어 보이지만, 이후 수천 년에 걸쳐 세계 여러 곳에서 독자적으로 농업이 발생한 사실은 특별히 영거드라이아스기와 같은 계기가 없었더라도 인구의 증가함에 따라 수렵, 채취 생활이 한계에 부닥치게 되고, 이를 극복하기 위해 언젠가는 발생하게 되었을 것이라고 생각할 수 있다. 또 거칠고, 추웠던 빙하시대보다는 온난, 다습한 홀로세의 기후가 농업을 하기에 훨씬 더 적합한 점도 농업을 시작하게 된 중요한 요인이 되었을 것으로 예상할 수 있다.

인류는 농업을 시작하던 거의 같은 시기에 야생동물들을 가축화하기 시작하여, 농사를 도와주고, 식량, 의복 등을 제공하였다. 이로써 야생의 동, 식물을 수렵, 채취하던 생활로부터 인위적으로 사육하고, 채취하는 생활로 들어서게 되었다. 1만 년 전 메소포타미아 북부의 유적에서 어린 수컷 양의 뼈가 대량으로 발견된 것으로부터 가축화가 시작되었음을 추정할 수 있다. 아마도 남획으로 가젤이 없어지자 부족한 동물성 영양섭취를 위해 다른 동물의 사육을 시도하면서 가축화가 시작되었으리라 여겨진다. 45kg 이상의 대형 포유동물이 전 세계에 148 종 존재하는데 이중 기질이 양순하고, 고기의 양이 풍부한 14 종만이 가축화되었다. 이런 연유로 야생의 가젤이 아닌 양과 염소가 가축화되었다. 농업의 시작과 함께 중근동에서 양과 염소가 가축화된 이래, 얼마 안 있어 중근동에서 소, 그리고 중국에서 돼지가 가축화되었다. 특히 유목민들에 의해 주로 가축화되었던 양과 염소와 달리, 소와 돼지는 정착농민들에 의해 가축화되었다. BC 3000년경 중앙아시아에서 말이 가축화되면서, 이동과 전쟁과 같은 인간활동에 획기적인 변화를 가져오게 된다. 신대륙에서 가축화된 포유동물은 안데스 산악지대에 서식하는 알파카와 라마밖에 없다. 특히 중앙아메리카문명의 경우에는 다른 문명과는 달리 가축화된 포유동물이 아예 없었다(칠면조는 가축화되었다). 가축화된 동물의 대부분은 초식동물이다. 이는 육식동물의 사육하기 위해서는 다른 동물을 잡지 않으면 안 되므로 수고가 많이 들기 때문이다. 예외로서 고양이의 경우는 농작물을 저장하기 시작했던 시기와 일치하며, 쥐로부터 농작물을 보호하기 위해 가축화하였다. 한편, 인류가 농업을 시작하기 전에 가축화된 유일한 동물인 개는 농업이 시작되기 훨씬 전부터 가축화되어, 사냥을 도와주었다. 농업발생 이전 레반트 지역의 정착유적에서도 개를 가축화한 흔적이 나타나고 있다.

농업의 시작은 인류로부터 수렵채취시대에 있었던 식량조달의 불확실성으로부터 해방시켜 주었다. 그러나 농업은 인류사회에 대해 되돌릴 수 없는 근본적인 변화를 불러왔다. 파종부터 추수까지 기다리지 않으면 안 되므로, 정착생활이 불가피하게 되었다. 농업에 의하여 단위면적당 식량생산량이 급증함에 따라 인구가 급증하여, 더 이상 수렵, 채취의 시대로 되돌아갈 수 없게 되었다. 급격한 인구증가에는 갓난아기에 대한 안정된 수유(授乳)로 영아사망률이 감소한 점도 크게 기여하였다. 한편 수렵채취사회에서 인간은 언제든지 환경이 더 좋은 곳으로 이동할 수 있었으나, 농업사회에서는 아무리 기후가 나빠져도 쉽게 더 좋은 환경으로 옮기기가 힘들어졌으므로, 농업사회는 수렵채취사회에 비교하여 기후변화에 더 취약해졌다고 볼 수 있다.

본격적인 정착생활을 시작함에 따라, 굳이 항상 들고 다닐 필요가 없어졌으므로 많은 도구를 사용하게 되었으며, 또 농산물도 저장하게 되어, 소유의 개념이 생겼다. 소유의 발생은 인간사이의 갈등과 투쟁을 유발해, 농업발생 이후의 유골에서는 전쟁의 흔적이 나타나기 시작하였다. 예를 들면, 농업 이전의 나투판유적의 유골은 외상이 거의 없었으나, 이후의 이집트부근의 유골에서는 반 정도가 폭력을 받은 흔적이 나타나고 있다. 농업에 의한 보다 효과적인 식량생산 덕택으로, 좁은 지역 안에 많은 사람들이 집단적으로 기주할 수 있게 되었으며, 잉여생산물은 문화, 행정, 종교 등 비생산적인 활동인구를 탄생시켰다.

농업의 시작 이후 인류가 섭취하는 식량이 쌀, 보리 등 2, 3개의 곡물로 한정됨에 따라, 다양한 식물을 채취해서 먹던 때와 비교하여, 고른 영양섭취가 결핍되게 되었다. 농경생활을 시작함과 함께 평균 신장이 저하되었음을 보여주고 있다. 한편, 가축과 함께 하는 생활은 가축으로부터의 전염으로 인해, 이전에는 없던 새로운 전염병을 발생시켰다. 아메리카원주민은 가축화된 동물이 라마와 알파카로 한정되어 있던 탓에, 가축으로부터의 전염병에 대한 면역력이 매우 약했었다. 스페인정복자들에 의한 수많은 학살이 있었지만, 그보다 더 많은 인구가 유럽인들을 따라온 천연두, 인플루엔자 등 전염병의 유행에 의해 죽어갔다. 연구에 의하면, 잉카제국의 경우

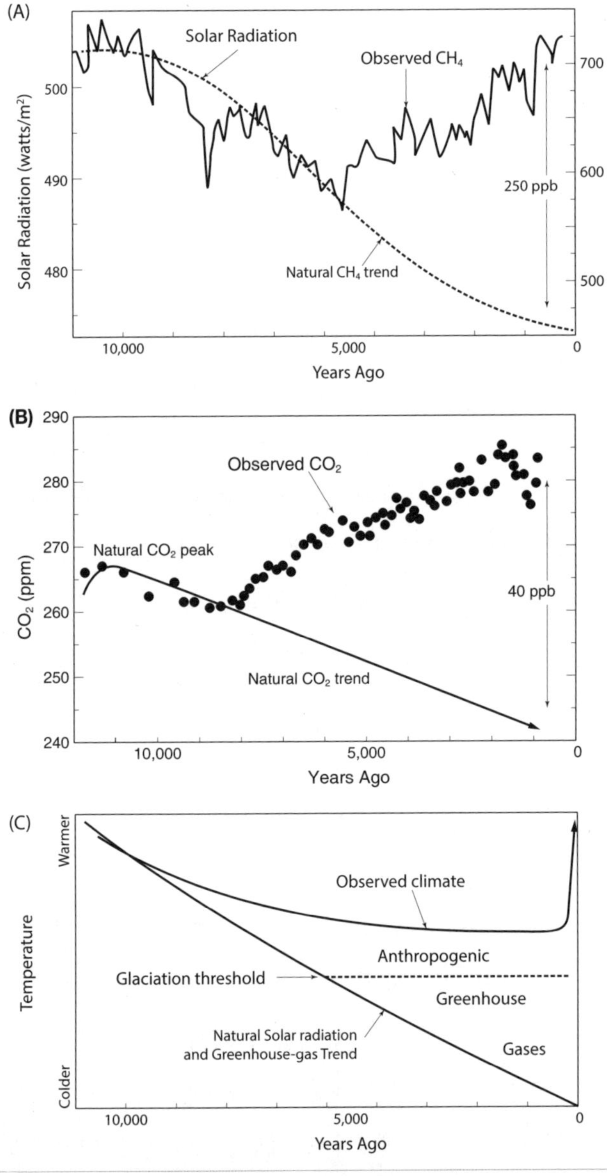

그림 3-10 A, B: 지난 10000년 동안 태양복사량은 서서히 감소하지만(점선), 이산화탄소와 메탄의 농도는 처음에는 태양복사량과 함께 감소하다가 농업이 시작되고 난 뒤에는 증가함을 보여주고 있다(실선). C: 이로 인해 원래 태양복사량의 감소와 함께 감소하게 되어있던 온도가, 더 이상 감소하지 않게 되었다.[79]

AD 1518년 2500만 명으로 추산되던 인구가 AD 1586년에는 1/5로 감소하고, AD 1623년에는 200만 명으로 감소하였다.[11]

그러면 과연 농업의 시작이라는 인류의 진보는 인간을 더 행복하게 해주었을까? 이에 대해 농업의 시작은 단위면적당 더 많은 인구를 먹여 살릴 수 있어 인구의 급증을 가져왔지만, 농사를 위해 씨를 뿌리고, 돌보고, 추수를 위해, 수렵채취시대보다 더 고된 노동을 하지 않으면 안 되게 되어, 일부 노동을 안 하고 살게 되는 계층을 제외하고는 개인의 삶의 질은 더 나빠졌다는 주장도 있다.[36] 농경생활을 시작한 이후 유골의 신장이 저하되고, 영양상태가 나빠졌다는 사실도 이를 뒷받침한다고 볼 수 있다.

흥미로운 이론으로 기후변화가 농업발생에 영향을 끼쳤을 뿐만 아니라, 반대로 농업의 발생이 기후변화에 영향을 끼쳤을 것이라는 주장도 있다. 즉 현재 우리가 우려하는 산업혁명 이후 온실가스의 증가로 지구온난화와 유사한 상황이 만 년 전 농업발생 이후에도 발생했었다는 초기온실효과가설(Early Anthropogenic Hypothesis).[79] 농업활동으로 인하여 삼림이 벌채되고, 농지로 바뀌게 되었는데, 삼림에 비해 농지가 흡수하는 이산화탄소의 양은 훨씬 작다. 결과적으로 공기 중에 이산화탄소, 메탄과 같은 온실기체의 다량배출로 온실효과가 발생하였으며, 따라서 만약 농업이 발생하지 않았다면, 새로운 빙하시대가 도래하게 되었을 것이라는 가설이다(그림 3-10). 이를 뒷받침하는 근거로서 이산화탄소가 증가하던 시기가 농업을 시작하던 시기와 일치한다는 사실을 제시하고 있다. 특히, 벼농사는 다른 곡물에 비해 손이 매우 많이 간다. 논은 몇 달 동안 물로 채워져 있어야 하고, 따라서 물을 대고 빼는데 보다 복잡한 과정이 필요하다. 이 과정을 통해 많은 양의 온실기체를 방출한다.

제4장

BC 3000–BC 2000: 건조화기 – 문명의 탄생

1 기후최적기와 건조화기

BC 9500년경 영거드라이아스기가 끝나고, 이후 온난화가 계속되어 BC 6000–3000년경에 홀로세 기간 중 가장 온난, 다습했던 기후최적기가 도래했다. 기후최적기동안의 북반구 고위도의 온도는 현재보다도 2–3도 더 높았었다. 영국 산악의 삼림한계는 지금보다 200–300m 정도 더 높았으며, 소나무의 북방한계는 80km 더 북쪽으로 올라가 있었다. 툰드라와 스텝지대는 유럽에서는 사라졌다. 로렌타이드빙상이 BC 5000년경에는 거의 소멸되었다. 스칸디나비아빙상은 BC 6500년경 이미 녹아 현재 발트해가 있는 곳에 큰 호수를 만들었다. 중국에서도 기후최적기의 흔적이 뚜렷이 나타나고 있다. 눈은 거의 오지 않았고, 벼는 지금보다 한 달 일찍 파종되었으며, 황하 이북에서도 대나무가 자랐다. 대나무가 자라기 위해서는 겨울에 온도가 0도 이상 유지되어야 한다. 영거드라이아스기와 마찬가지로 기후최적기도 북반구에서만 나타났으며, 지구전체의 평균온도의 경우에 대해서는 20세기 평균온도와 비슷하거나 조금 낮았을 것으로 추정되고 있다(IPCC 4차 보고서).

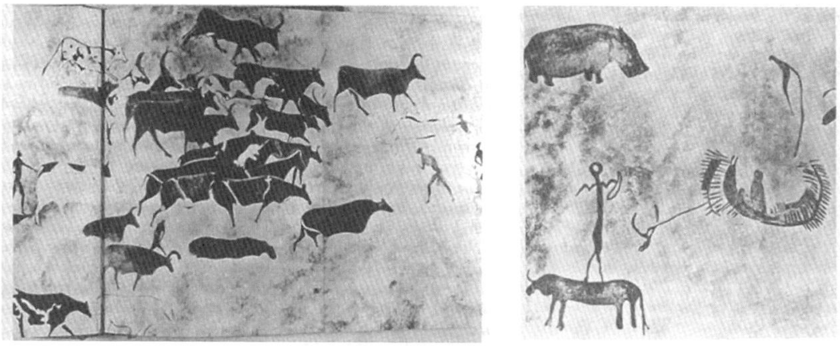

그림 4-1 BC 3500년경 사하라사막(Aounrhet)의 동굴벽화.[50] 하마, 물소, 배 등의 그림은 사하라사막이 그 당시 지금보다 훨씬 더 습윤한 기후였음을 보여주고 있다.

기후최적기 동안에는 북반구 고위도의 기온상승과 함께, 현재 사막지대인 아열대고기압지역이 지금보다 강수량이 훨씬 많은 습윤한 기후를 나타냈다. 지금은 거의 비가 오지 않는 사하라사막 중심부의 쿠프라와 티베시 지역의 강수량이 BC 6000 년경엔 200−500mm에 이르렀다. 사하라사막에서 발견된 BC 3500 년경의 동굴벽화는 물소, 하마, 배 등이 나타나는데, 이는 그 당시에 사하라사막이 지금보다 훨씬 습윤한 지역이었음을 증명한다(그림 4−1). 당시 나일강의 수위는 지금보다도 7m 더 높았었고, 차드호의 면적은 지금의 수십 배에 이르렀었다.

요인으로는 지구궤도의 변화로 인한 태양복사량의 변화를 든다(II−2−2 참조).[20] 지축 기울기의 미세한 증가와 세차운동의 결과 북반구의 복사량이 더 커지고, 더 고위도까지 미치게 되었다. 특히 북위 65도 이상에 얼마나 많은 태양복사열이 가해져 여름에 빙하가 녹느냐 아니냐가 지구 전체의 기온을 결정하는 중요한 변수가 되는데, 이는 빙하가 녹으면 빙하에 덮였을 때에 비해 훨씬 더 많은 태양복사열을 받아들일 수 있게 되기 때문이다(II−1−1 참조). 남반구에는 거의 녹지 않는 남극대륙 이외에는 빙하가 거의 없다. 따라서 태양복사의 변화에 대한 반응은 주로 고위도에서 빙하로 덮여 있는 광대한 대륙을 가지는 북반구에서 나타난다. 영거드라이아스기와 마찬가지로 기후최적기도 북반구에서만 존재하였다.[60]

기후최적기에는 대기의 순환 패턴이 영거드라이아스기와 반대의 패턴을 보인다. 즉 북반구에서 열대수렴대, 아열대고기압대, 편서풍대 등 대기순환의 패턴이 북쪽으로 밀려 올라가 있었으며, 이에 따라 강수대도 위로 밀려 올라가 있었다(II-1-5 참조). 특히 아열대고기압대는 북위 40도 부근까지 올라가 있었다. 현재 북위 15도 부근에 존재하는 사하라사막의 남방한계가 빙하시대에는 북위 10도 정도로 남쪽으로 내려와 있었던 것이 기후최적기에는 북위 20도 이상으로 북쪽으로 올라가 있었다(그림 4-2). 여기서 회색 띠로 나타나는 지역이 사헬(Sahel)이라 불리는 사하라 남부의 사막에서

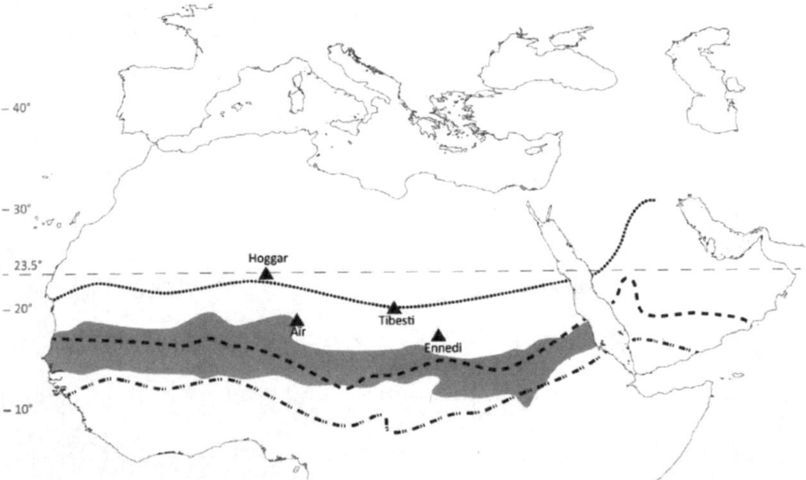

그림 4-2 사하라사막 남쪽 경계의 이동. 빙하시대(23000년 전) 남쪽으로 이동(점쇄선). 기후최적기(8500년 전) 북쪽으로 이동(점선). 회색 띠가 현재.[95]

초원으로 바뀌는 중간지대의 현재 위치를 나타낸다. 따라서 현재 사하라사막이 있는 북위 20도 부근은 여름에 비가 오는 사바나기후대에 있었음을 추측할 수 있다(II-1-7 참조). 그뿐만 아니라, 북반구의 여름몬순도 지금보다 강해서, 나일강의 수원이 있는 에티오피아고원에 지금보다 더 많은 비가 내리고, 따라서 나일강의 수량도 지금보다 더 많았다. 멕시코만류도 지금보다 강해, 연안퇴적물의 분석에 의하면, 현재 미국 동부 해안을 따라 올라오다 북캐롤라이나주 하테라곶에서 대서양으로 빠져나가는데 반해, 그 당시에는 훨씬 북쪽의 메인주까지 미국 동부 해안을 따라 올라갔었던 것으로 추정된다(II-1-6 참조).[54]

기후최적기 동안에 사하라사막 지역은 현재보다 훨씬 높은 강수량을 유

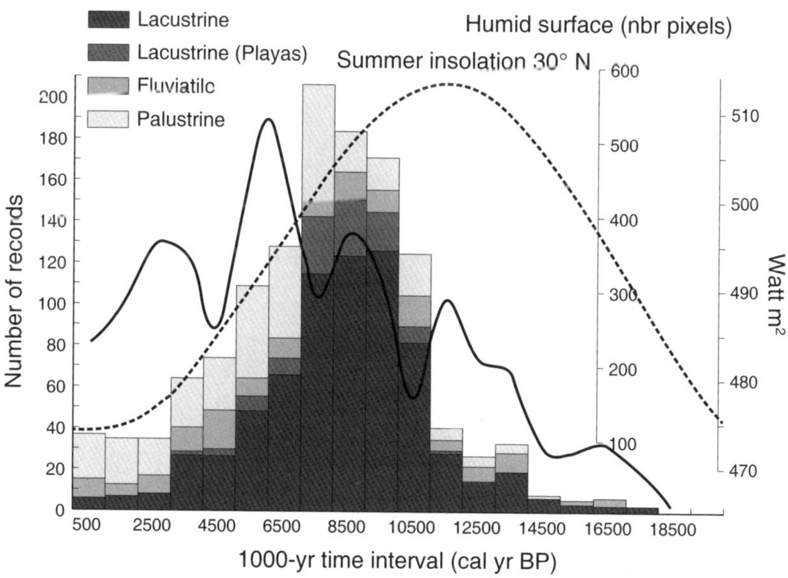

그림 4-3 지난 18000년 동안 사하라 사막의 습지의 기록수(막대그래프)와 면적(실선) 및 태양복사량(쇄선)의 변화.[53]

지했지만, 이후 아열대고기압대가 현재의 위도로 다시 남하하던 BC 4000년부터 다시 현재의 사막 상태로 건조화 되기 시작하였다. 이집트의 기록들로부터 물소, 하마 등의 동물들이 적어도 BC 2900년경 이후에는 드물어지고, BC 2600년경 이후에는 나타나지 않는다. AD 500년경에는 완전히 사람이 살지 못하는 사막으로 되어 버렸다. 그림 4-3은 지난 18000년 동안 사하라사막에서의 강수량과 태양복사량의 변화를 보여주고 있다. 지구궤도의 기울기의 변화에 의해 BC 10000-9000년경과 BC 6000-5000년경에 각각 최댓값에 도달했던 태양복사량과 강수량은 이후 서서히 감소하는 것으로 보여주고 있다.

2 건조화와 고대문명의 탄생

약 만 년 전 농업을 시작하면서 문명의 첫발을 디딘 인류는 지금부터 약 5000년 전 인류 최초의 고대문명인 메소포타미아문명, 이집트문명, 인더스문명, 황하문명의 사대문명(四大文明)을 탄생 시킨다(그림 4-4). 문명의 탄생과 함께 인류는 이전과는 다른 복잡한 사회조직을 이루며 살아가게 된다. 대규모의 국가조직이 존재하고, 계급사회와 도시가 형성되었다. 국가를 운영하고, 도시에서 사람들 간의 의사소통과 거래를 위해서 문자가 발명되었다. 한편, 강력한 국가권력은 많은 사람들을 동원하여 대규모의 건축물을 만들었다. 사대문명의 중요한 특징은 잘 알려져 있듯이, 나일강, 티그리스, 유프라테스강, 인더스강, 황하와 같은 큰 강을 끼고 있다는 점이다. 그러나 간과하기 쉬운 또 한 가지의 중요한 특징은 이들 지역이 모두 상대적으로 건조한 지역이라는 점이다. 농업이 시작된 곳은 레반트 및

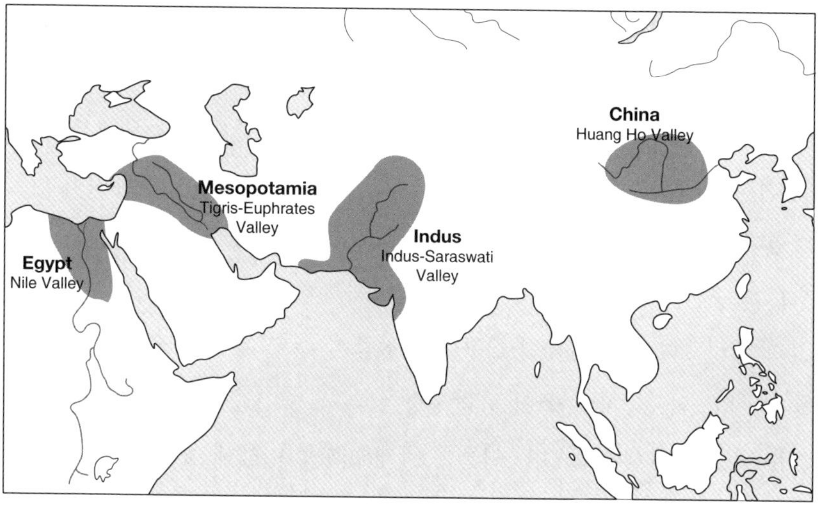

그림 4-4 사대문명 발상지

터키 동부 산악지역이었지만, 고대문명이 탄생한 곳은 이보다 훨씬 더 건조한, 그러나 큰 강을 끼고 있는 이집트와 메소포타미아 지역이었다(그림 3-7 참조). 한편 중국과 인도에서도 고대문명은 훨씬 강수량이 풍부하고, 비옥한 곡창지대인 양자강, 갠지스강 유역이 아니라 건조한 황하, 인더스강 유역에서 탄생하였다. 그러면 고대문명은 왜 이러한 건조한 환경조건에서 탄생하게 되었을까?

레반트, 터키 동부 산악지역의 최초의 농경지는 주로 산악지형에 자리 잡고 있으며, 농사는 전적으로 강수에 의존하였다. 이러한 천수농업(天水農業)은 연간 250mm 이상의 강수를 필요로 하기 때문에, 가뭄에 상당히 취약하다. 메소포타미아에는 BC 6000년경 이후 작은 정착지들이 흩어져 있었다. BC 4000년 이전에는 지금보다 여름 온도는 높고, 강수량은 25–30% 정도 더 많았다고 추정된다. 강수량이 풍부했던 BC 4000년경까지의 약 2000년 동안은 삶이 평안하였다. 강에 가까운 작은 마을에 흩어져 살면서, 농사를 짓고, 또 때로는 물고기를 잡으며 살아갔다. 그러나 BC 4000년경 이후 가뭄이 점점 심해지면서, 강수에 의존하여 농사를 짓는 것이 점점 더 어려워졌다. BC 3800년경부터 기후가 급격히 건조해지기 시작하였다. 메소포타미아는 그 당시 여름 동안 인도양으로부터 계절풍을 통해 수분을 공급받았는데 계절풍이 약해지면서, 비가 내리는 지역이 남쪽으로 밀려 내려갔다(II-1-5 참조). 더구나 계절풍이 주로 추수가 끝난 뒤에야 비를 가지고 와, 농사에 쓰이는 강수량이 더욱 줄어들었다. 이러한 가뭄은 많은 난민을 발생시켰으며, 이들은 관개(灌漑)를 이용해 농사를 지을 수 있는 남쪽에 정착하기 시작하였다.

BC 3200–3100년경 가뭄이 계속되자, 북부 메소포타미아에서는 많은 난민이 생기고, 남부 메소포타미아는 이들을 받아들이게 되었다. 이러한 난민들이 남부 메소포타미아에서 관개사업을 하기 위한 노동력 즉 노예를 제공했다는 의견도 있다. 이 무렵 남부 메소포타미아에서는 지배층이 통치하는 계급사회가 형성되어, 상인, 장인 등의 직종도 등장하였다. 이 시기에 인류 최초의 문명인 수메르문명이 등장하였다. 점토판에 새겨 넣는 설형문자인 인류 최초의 문자가 나타나고(그림 3–6 참조), 넓은 토지에 지구라트와 같은 거대한 신전이 들어선 것도 이 무렵이다. 60진법을 사용했으며, 태음력(太陰曆)을 따랐다. 이 시기에 가장 번성했던 도시인 우루크의 인구는 1–5만 명 정도였을 것으로 추산된다. 수메르문명은 서로 치열하게 경쟁하는 도시국가들로 이루어져 있었으며, 각 도시국가에는 각각의 세속적인, 종교적인 지도자와 신(神)이 있었다. 그러나 수리권(水利權)이나 농경지, 교역로의 확보를 둘러싸고 도시간의 항쟁이 자주 발생하면서, 점차 왕권이 신장되고 세습화되었다. BC 2350년경 아카드인인 사르곤왕이 수메르인들의 도시국가들을 정복하여 메소포타미아 최초의 통일국가인 아카드왕국을 건설하였다.

BC 3500년경 북방으로부터 유프라테스강 하류로 이주해 온 수메르인에 관한 한 가지 흥미로운 사실은 현재 중동에서는 아랍어, 히브리어 등의 셈어족과 이란어, 힌디어, 그리스어 등의 인도유럽어족이 크게 나뉘는데, 수메르인은 셈어족도 인도유럽어족도 아닌 한국어와 같은 교착어를 사용했었다는 점이다. 수메르인의 뒤를 잇는 아카드인은 셈어를 사용하였으며, BC 1700년경 중앙아시아로부터 인도유럽어를 쓰는 아리안족의 침입 이후 현재 인도, 이란 등에서는 인도유럽어가 사용되고 있다. 그러면 수메르인은 어디서 온 것일까? 흑해 연안이 물에 잠길 때(그림 3-5 참조) 피난 간 난민들이 코카서스산맥을 넘어 흘러들어온 것이 아닐까 주장하는 학자도 있지만 확인할 길은 없다.

수메르인들은 주기적인 가뭄에 대처하기 위해서 유프라테스강가의 평지에 관개용수로 물을 끌어내 농업을 보급시켰다. 그들은 심한 한발로 북부 메소포타미아에 있는 자신들의 농지를 포기하고 남부 메소포타미아로 몰려든 난민들을 받아들여 관개시설을 대규모화하였다. 가을부터 겨울에 걸쳐 운하를 파고, 새로운 농지를 간척하여 겨울에는 1개월에 한번 정도 용수로를 열고 물을 담아, 봄철의 농사에 대비하였다. 이러한 거대한 관개시스템을 유지하기 위해서 지도자의 역할을 할 사람이 필요하게 되었다. 초기에는 이러한 일들이 주로 가족이나 마을 주민공동체의 단위에서 관리되었으나, 시간이 흐르면서 중앙정부의 일로 바뀌었다. 정부는 세금을 걷기 시작하였다. 농사가 끝난 여름에도 쉬지 못하고, 여름 홍수를 대비하여 물길을 돌리고, 곡식을 옮기는 데 힘을 쏟았다. 특히 큰 강으로부터 물줄기가 갈라져 나오는 곳은 물 배급에 있어서 매우 중요하다. 따라서 이 부근에 더 많은 사람들이 몰려 살게 되었다. 수메르문명은 원래 작은 도시국가들의 연합에 불과하였으나, BC 2350년 무렵 셈계의 아카드인의 사르곤 1세가 강력한 통일국가를 건설하여 수메르문명을 이어나갔다.

기후의 건조화는 이집트에서도 이와 유사한 과정을 거쳐 문명을 탄생시켰다. 그림 4–3에서 보여주듯이, BC 5000년경부터 아열대고기압이 현재의 위도 위치로 되돌아오면서, 중근동과 북아프리카에서는 강수량이 점차적으로 감소하였다. 이는 기후최적기의 습윤한 환경에서 쉽게 얻을 수 있었던 농작물의 수확이 점점 어려워짐을 뜻한다. 기후최적기에 북아프리카의 사하라사막에서는 유목민들이 그 당시 습윤했던 초원지대를 이동해가면서 생활하고 있었다. 이들은 사하라사막의 사막화가 진행됨에 따라 생업인 목축을 포기하고, 나일강가에 모여들어 농업을 시작하였다. 고고학적 분석에 의하여, BC 5000–4500년경 사하라사막의 인구감소와 나일강 계곡의 인구증가가 동시에 나타나는 것이 확인되었다(그림 4–5).

참고로 사하라사막의 사막화에 따른 인구의 이동은 나일강 부근으로 뿐만 아니라, 사하라사막 남쪽으로도 일어났다. 원래 반투족은 나이지리아 동부로부터 카메룬 서해안에 사는 종족이었다. 그들은 사하라사막의 남쪽

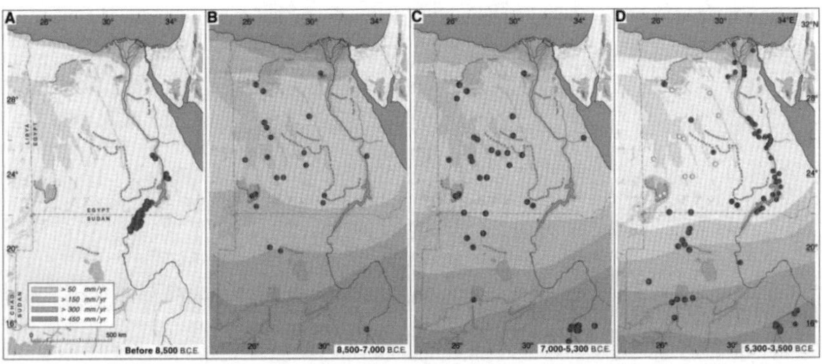

그림 4–5 나일강 유역의 정착지 분포의 시기에 따른 변화.[48]

경계가 남쪽으로 밀려 내려옴에 따라 BC 3000년경부터 그들도 하는 수 없이 남쪽으로 이동하기 시작하여, 사하라사막 이남의 전 아프리카로 서서히 퍼져나갔다. 그들은 이미 수수 등의 농업을 시작한 상태였으며, 수렵채취 생활을 하며 남부 아프리카에 원래부터 살고 있던 코이산족, 피그미족 등을 밀어냈다.

나일강의 수원은 크게, 에티오피아고원을 수원(水源)으로 하는 청나일강이 총 수량의 60%을 차지하고, 수단을 거쳐 빅토리아호에 이르는 백나일강이 30%를 차지한다. 따라서 나일강의 수량은 열대기후에 위치하는 이들 원류 지역의 풍부한 강수량에 의존한다. 이 지역은 우기와 건기의 구별이 뚜렷한 열대몬순기후 지역으로 이 지역에서의 우기동안의 강수는 7–10월경 주기적으로 나일삼각주로 흘러들어와 범람시킨다(II–1–7 참조). 이때 함께 흘러들어온 토사가 자연비료로 비옥한 토지를 만들어 준다. 나일삼각주가 범람하면 물이 빠져나가기를 기다린 뒤(농한기), 11–2월 동안 농사를 짓고(농번기), 그리고 3–7월 동안 추수를 한다(추수기). 따라서 이집트에서 나일강 물을 이용하여 농사를 짓기 위해서는 홍수를 정확하게 예측할 수 있는 능력과 나일강 물을 농토로 분배할 수 있는 기술과 지도력을 필요로 한다. 홍수는 매년 규칙적으로 일어나서 이를 미리 예측함으로써 이집트인들은 농사의 시기를 조절할 수가 있었다. 홍수의 예측을 위해, 태양력(太陽曆), 천문학, 기하학 등이 발달하였다. 한편, 농한기인 7–10월 동안의 유휴 노동력을 활용하여 피라미드와 같은 대형 건축물들이 건설되었다. 일찍이 그리스의 사학자 헤로도투스가 언급한 이집트문명은 '나일강의 선물'이라는 말은 강수가 전혀 없는 사막 한가운데에서 나일강에 전적으로 의존하여 탄생한 이집트문명의 본질을 꿰뚫는 표현이라고 할 수 있겠다.

BC 3100년경 이집트를 통일한 메네스왕은 이집트 최초의 파라오로 등

극을 하였다고 전해지며, 이후 고왕국 시기 동안(BC 2686–2181) 고대이집트의 왕권은 크게 신장되어, 파라오의 중앙집권적인 전제군주의 형태를 띠게 된다. 이 무렵 이미 나일강 수위의 예측 및 물 배분의 규제가 이루어졌다. 파라오가 홍수를 관리하고 있다고 하는 세계관은 고왕조보다도 더 거슬러 올라가 선왕조의 유적에도 왕이 낫을 들고 관개수로를 여는 장면이 묘사되어 있는 것으로 보아 나일강 홍수를 제어하는 것이 파라오의 주요한 책무였던 것을 보여주고 있다. 고왕국의 파라오는 홍수를 제어할 뿐만 아니라 매년 홍수를 발생시키고 이를 민중에게 알리는 신으로 숭배되고 있었다. 실제로 그들은 천문관측에 의해 태양력을 만들고, 태양과 시리우스가 동시 떠오르는 시기를 예측하여 이로부터 나일강의 홍수를 예측하였다. 매년 홍수에 의한 수위의 상승을 나일로미터(Nilometer)라고 불리는 수위계로부터 측정하여, 범람의 규모까지도 예측하였다(그림 4–6). 그 당시 사용되던 샤두프라고 불리는 관개를 위해 물을 긷는 도구는 아직도 중근동에서 사용되고 있다.

위의 메소포타미아, 이집트문명의 예에서 본 것처럼 고대문명은 BC 4000년경 이후 차츰 건조해지는 기후로 강수에 의존하는 농업이 불가능해짐에 따라 관개사업을 통하여 강물을 끌어다 써야 하는 필요성으로부터 탄생하게 되었다. 대규모의 토목공사를 필요로 하는 관개사업은 천수농업과 달리 대규모의 조직과 권력을 필요로 하고, 또 이를 위한 많은 새로운 기술을 필요로 하였다. 또 관개사업으로 얻어진 물을 관리하고, 분배하기 위해서도 조직과 권력을 필요로 하였다. 명령의 전달과 홍수, 물 분배 등의 기록을 위한 수단으로서 문자가 필요해졌고, 강력한 권력의 등장은 거대한 건축물의 등장을 가능케 하였으며, 관개사업을 통해 크게 증가한 농업생산량은 정치, 종교지도자들과 같은 비생산인구의 유지를 가능케 하였다.

그림 4-6 이집트 문명에서 나일강의 수위를 재던 나일로미터(Nilometer)

문명의 탄생은 인류사회에 근본적인 변화를 가져왔다. 문명은 여러 가지로 정의될 수 있지만 중요한 특징으로서 왕권 및 계급사회의 발달, 문자의 사용, 도시의 발달, 금속 도구의 사용 등을 들 수 있다. 고대문명의 탄생과 거의 같은 시기에 인류가 도입한 금속은 구리와 주석의 합금인 청동기였다. 인류가 최초로 활용한 금속은 융해점이 낮아 제련이 쉬운 구리였다. 그러나 구리는 농기, 무기 등으로 사용하기에는 너무 물렀다. 한편, 구리에 주석을 섞으면, 제련이 크게 어렵지 않으면서도 매우 단단하고 튼튼한 금속을 만들 수 있었다. 청동기는 BC 1300년경 철기가 도입될 때까지 인류 최초로 광범위하게 사용되었던 금속이었다.

그러나 문명의 발생과 관련하여 간과해서는 안 될 중요한 사실은 기후의 건조화가 문명발생의 방아쇠를 당겼지만, 보다 근본적인 배경원인으로서 기후최적기 동안 급속한 인구증가가 이루어졌었다는 점이다. 기후의 악화는 이전에도 수없이 나타났었다. 만약 인구가 크게 증가하지 않았다면, 기후의 악화에 적응하며 견뎌 낼 수 있었을지도 모르지만, 크게 증가한 인구를 먹여 살리기 위해서는, 이를 대처할 수 있는 새로운 기술을 도입하지 않으면 안 되었을 것이다.

이집트와 메소포타미아문명 둘 다 관개사업을 통해 기후의 건조화에 대응하는 과정에서 탄생되었으나, 두 문명이 처한 자연환경은 매우 달랐고 이로 인해 두 문명은 매우 다른 특징을 가지게 되었다. 이집트의 나일강은 수량이 충분하여 물을 저장할 필요 없이 물길을 만들어주기만 하면 되었으며, 예측 가능한 홍수를 활용해 홍수가 지나간 뒤 파종을 해 농사를 지었다. 반면 메소포타미아의 티그리스, 유프라테스강은 수량이 불충분하여 물을 저장하여야 하였으며, 수원인 아나톨리아고원의 눈이 녹아 발생하는 홍수는 예측이 어렵고, 봄철 추수 때 발생하여, 많은 피해를 가져왔다. 또 메소포타미아는 주위에 자연적인 방어지형이 없는 지리적 조건으로 외부의 침입으로부터 열려있었으나, 이집트는 북쪽은 바다, 나머지는 사막으로 둘러싸여 외부의 침입이 매우 어려웠다. 결과적으로 메소포타미아문명에서는 수메르문명 이후, 아카드왕국(BC 2334-2154), 바빌로니아왕국(BC 1985-539), 앗시리아왕국(BC 2025-609) 등 수많은 왕국들이 흥망성쇠를 거듭하고, 혼란이 끊임없었던 반면, 이집트문명에서는 BC 3000년경 통일왕조가 성립된 이후, BC 30년 로마에 의해 멸망할 때까지, 왕조의 흥망은 있었으나, 안정된 절대왕권이 장기간에 걸쳐 유지되었다. 끊임없이 홍수와 전쟁에 맞서 싸우며 부닥친 어려움을 극복하면서 살아갔던 메소포타미아인들은 내

그림 4-7 이집트(상)와 메소포타미아(하)의 건축물의 비교. 건축물을 만들기 위해 이집트에서는 주로 거석을, 메소포타미아에서는 주로 벽돌을 사용하였다.

세보다는 현세에 치중하고, 보다 현실적인 사고방식으로 살아가야 하였다. 따라서 함무라비법전에서 보는 바와 같이 법이 발달하였었다. 반면, 이러한 걱정이 없이 풍요롭고, 안정된 삶을 살 수 있었던 이집트문명에서는 영혼불멸을 믿고 미라를 만들어 피라미드에 보존하는 것을 통해 알 수 있듯이 현세보다는 내세에 관심이 많았다. 법전은 아예 존재하지 않았으며, 나일강의 범람을 예측하는 이집트의 국왕 파라오는 태양의 신으로서 절대적인 존재였다. 마지막으로 환경적인 측면에서도 한 가지 큰 차이점이 있는데, 이집트에서는 주로 나일강을 이용해 주위의 거석을 운반해와 피라미드와 큰 건축물들을 지었는데 반해, 주위에서 거석을 구하기가 어려웠던 메소포타미아에서는 진흙을 구워 벽돌을 만들어 건축물을 지었다.(그림 4-7). 그러나 벽돌을 굽기 위해서는 햇볕에 말리기도 하였지만, 많은 경우 나무를 때워 말렸으며, 따라서 벌채로 인해 삼림을 황폐화시켰다.

인더스문명은 이집트, 메소포타미아문명과 마찬가지로 기후의 건조화로 인한 강수량의 감소를 극복하기 위하여, 인더스강의 관개를 통해서 발생할 수 있었다고 추정된다. 기후최적기가 끝나고, BC 2500년경 인도양의 여름몬순의 약화로 이 지역의 기후는 건조화의 영향을 받게 되었다. 건조화에도 불구하고, 그 당시 인더스강 유역의 자연환경은 여전히 오늘날보다 습윤하였다고 생각된다. 인더스문명의 인장(印章)에 나타나 있는 동물에는 범, 물소, 코뿔소, 코끼리, 악어 등 숲 또는 늪지대의 동물이 많으며(그림 4-8), 낙타와 같은 건조지의 동물이 없는 사실, 또 벽돌을 굽기 위해 햇볕에 말리기보다는 주로 나무를 때워 말린 점 등으로 보아, 옛날에는 훨씬 습윤하였다고 추측할 수 있다. 인더스문명의 인장에 새겨져 있는 문자는 아직도 해독되고 있지 못하고 있다.

인더스문명의 대표적인 유적지인 하라파와 모헨조다로는 BC 2500년경

그림 4-8 인더스문명 유적지에서 출토된 인장

의 것으로, 바둑판 모양의 노로, 배수시설, 대욕장(大浴場) 등 지배층보다는 일반 민중을 위한 공공시설들로 특징 지워지는 정교한 도시계획을 가진 도시문명의 흔적을 보여준다. 이로부터 다른 고대문명에 비해 계급사회가 훨씬 덜 발달한 보다 평등한 사회가 아니었는지 추측되고 있다. 이 두 도시의 인구는 35000–50000 명 정도였을 것으로 추정된다. 인더스문명의 인장이 메소포타미아에서도 발견되는 등 인더스문명과 메소포타미아 문명 사이에는 교역이 이루어지고 있었던 것으로 보인다. 한 가지 중요한 사실은 현재의 인도문명은 이 인더스 문명과는 직접적으로 관련이 없고, 인더스문명이 망한 뒤 나중에 인도로 들어온 아리안족이 세운 베다문명에 뿌리를 두고 있다. 베다문명은 인더스강이 아닌, 보다 풍요로운 갠지스강을 중심으로 발달하였다. 이는 마치 현재의 라틴아메리카문명이 마야, 아즈텍,

잉카문명보다는 나중에 들어온 스페인인들의 서양문명에 뿌리를 두고 있는 것과 유사하다. 인도는 현재 인도유럽어를 쓰는 북부와 드라비다어를 쓰는 남부로 크게 나뉘는데, 드라비다족이 인더스문명의 후손이라는 주장이 있다.

황하문명의 경우는 지리적으로 큰 강을 끼고 있는 건조한 지역이라는 점에서는 공통적인 특징을 가지고 있지만, 지리적으로 다른 세 문명과 거의 고립되어 있으며, 훨씬 위도가 높은 한랭한 기후에서 탄생하였고 시기적으로도 약 1000년 정도 더 느리다. 따라서 기후의 건조화가 어떠한 역할을 하였는지는 분명하지 않다. 현재 고고학적으로 입증된 중국 최초의 왕조는 상(商)나라(BC 1600–1046)(또는 은(殷)나라로 불리기도 한다)이지만, 역사적으로 기록되어 있는 최초의 왕조는 하(夏)나라(BC 2070–1600)이다. 그러나 늘 범람을 일으키고, 종종 물줄기를 바꾸는 황하를 다스리는 것이 고대 중국인들이 살아남기 위한 가장 중요한 문제이고, 따라서 하나라 최초의 황제인 우왕(禹王)이 치수사업을 통해 그 자리에 오르게 되었다는 전설을 통해 황하문명에서도 역시 관개사업이 문명의 발상에 중요한 역할을 하였음을 짐작할 수 있다.

황하문명은 사대문명중 유일하게 그 문명의 뿌리가 그대로 남아 지금까지 전해져 내려오고 있는 문명이다. 황하문명을 일으킨 민족이 기본적으로 현재 한족의 조상이고, 황하문명에서 사용되던 갑골문자(甲骨文字)로부터 오늘날의 한자(漢字)가 유래되었다(그림 4-9). 이에 반하여, 이집트문명과 메소포타미아문명이 번성했던 중동은 6세기 이슬람교의 발흥 이후 아랍화하면서, 언어도 당시와는 다른 아랍어를 쓰고 있으며, 문명적 특성도 고대문명과는 매우 다른 특징을 가지게 되었다. 한편 인더스문명은 아예 BC 15세기에 인도로 들어온 아리안족이 인도를 지배하게 되면서 문명 자체가

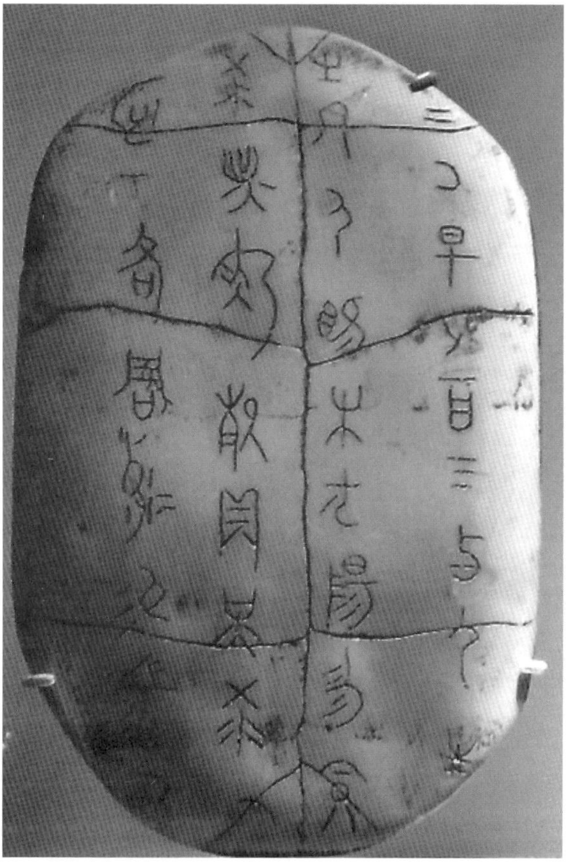

그림 4-9 황하문명 유적지에서 출토된 갑골문자

없어지고, 이민족에 의해 전혀 다른 문명이 세워진 경우이다.

현재의 입장에서 바라보면, 인도에서는 인더스강보다는 갠지스강이, 중국에서는 황하보다는 양자강이 더 온난하고, 강수량도 많으며 또 강물의 수량도 훨씬 많아 농산물의 산출이 훨씬 많은 곡창지대이다. 그러면 어째서 이렇게 더 좋은 환경을 놓아두고, 상대적으로 열악한 환경 아래서 고대 문명이 발생하였을까? 매우 열악했던 그 당시의 기술 수준을 생각해보면,

삼림이 빽빽하게 들어서고, 저습지에 늪과 호수들이 많은 양자강을 개간하는 것은 매우 어려웠을 것이다. 그에 비교하여, 부드럽고, 비옥한 황토는 매우 쉽게 개간을 가능하게 하였다. 뿐만 아니라 항상 수량이 풍부한 양자강에 비교하여, 황하의 잦은 홍수와 가뭄은 공동체를 이뤄 관개사업을 필요로 하였으며, 이는 앞서 밝힌 바처럼 문명의 탄생에 기여했을 것이다. 한편 최근 고고학적 조사를 통해서 양자강유역에도 상당한 수준의 벼농사 중심의 문명이 존재했었던 것이 밝혀졌는데, 이를 장강문명(長江文明)이라 부른다. 그러나 장강문명에는 고대문명의 가장 중요한 요소인 청동기, 문자 등은 발견되지 않고 있으며, 큰 국가조직으로 발전했는지는 확실하지 않다.

3 신대륙의 문명

우리는 앞서 기후의 건조화가 관개사업의 필요성을 유발하여 문명을 탄생시킨 계기가 되었으며, 따라서 이른 바 사대문명은 모두 큰 강을 낀 건조한 지역에서 탄생하였다는 점을 설명하였다. 한편 지구상에는 사대문명 이외에 독자적으로 탄생된 문명이 아메리카대륙에 둘 더 있는데, 이는 중앙아메리카문명(마야-아즈텍 문명)과 안데스문명(잉카문명)이다(그림 4-10). 이 두 문명은 시기적으로는 구대륙에 비해 훨씬 늦었지만, 구대륙의 다른 문명은커녕 중앙아메리카문명과 안데스문명 사이에도 전혀 접촉이 없이 완전히 독립적으로 발생한 문명이다. 따라서 구대륙의 사대문명과 함께 이 장에서 다루기로 한다. 신대륙의 문명 중 시기적으로 제일 먼저 나타난 마야문명(AD 250-900)은 강력한 왕국이 아닌 수메르문명이나 그리스문명과

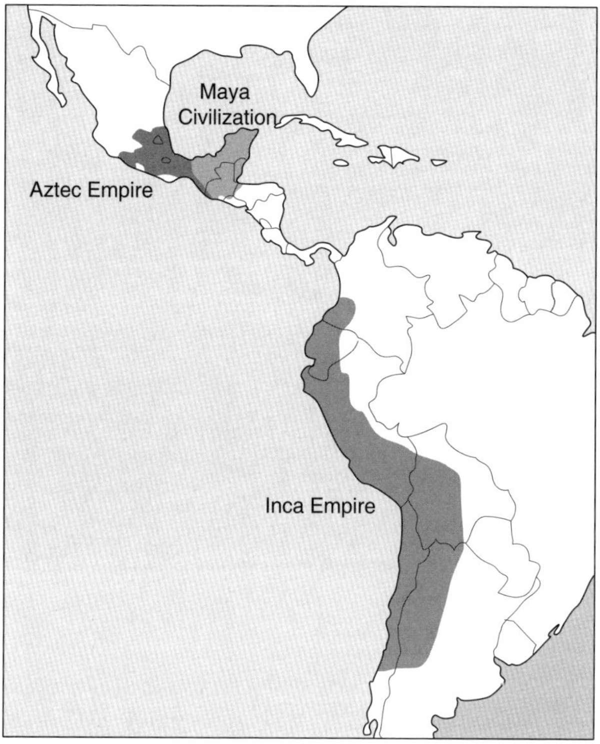

그림 4-10 신대륙의 고대문명 발상지

같은 도시국가들의 연합이었다. 마야문명은 구대륙의 이집트문명과 비슷하게, 천문학, 역법(曆法), 피라미드와 같은 건축술이 매우 발달했었다. 특히 마야문명은 신대륙에서는 유일하게 고도의 문자문명을 발달시켰다(그림 4-11). 불행히도 나무껍질에 기록된 대부분의 마야문서들은 기독교의 복음화에 열정적이었던 스페인 성직자들에 의해 악마의 것으로 간주되어 불태워져 단 네 권만이 현재까지 전해져 내려오고 있다. 또 마야문명은 20진법이라는 독특한 수학체계를 발전시켰으며, 매우 정확한 태양력을 사용하였다. 반면 아즈텍문명과 잉카문명은 이보다 훨씬 늦게 13세기 이후에 스페

그림 4-11 마야문자

인정복자들에 의해 멸망할 때까지 불과 200-300년 정도 번성한 문명이다. 아즈텍문명과 잉카문명은 마야문명과 달리 로마제국과 같은 강력한 왕권을 갖는 제국이었다.

이 두 문명은 유라시아 대륙의 사대문명과 근본적으로 다른 여러 가지 특징을 보여주고 있는데, 잉카문명에서는 문명의 중요한 요소인 문자가 존재하지 않았고, 대신 키푸(quipu)라고 부르는 끈을 묶어 표현하는 결승문자(結繩文字)를 이용해 문자 대신 기록을 수행하였다(그림 4-12). 한편 마야-아즈텍 문명에서는 칠면조 등의 가축화가 이루어지기는 하였지만, 노동력을 제공하는 가축이 없었다. 잉카문명은 신대륙에서 유일하게 알파카와 라마와 같은 노동력을 제공하는 가축이 있었다. 신대륙의 문명에서 특히 주목할 점은 이 두 문명은 유라시아 대륙의 사대문명과는 전혀 다른 지리적 조

그림 4-12 잉카문명의 결승문자 키푸(quipu)

건, 즉 주로 고산지대에서 번성하였으며(잉카, 아즈텍, 마야), 심지어는 열대우림에서 번성하기도 하였다(마야). 우리는 이를 어떻게 이해하여야 할까?

우선 아메리카 대륙에 있어서 농업의 시작과 문명의 탄생은 유라시아대륙에 비해 매우 늦었다. 아메리카 대륙의 최초의 문명인 멕시코 남부의 올멕문명은 불과 BC 1500년경이며, 농업의 시작도 유라시아대륙보다 수천 년 뒤처졌던 것으로 추정된다. 농경, 정착생활을 의미하는 도자기가 처음 등장한 것이 BC 2500년경이었다. 구대륙에서 BC 1500년경 이후 도입되어 문명을 새로운 단계로 끌어올리는데 기여한 철기, 말, 그리고 바퀴 등은 아예 존재하지도 않았다. 16세기 스페인정복자들이 만난 아즈텍, 잉카 문명의 수준은 구대륙의 BC 3000–2000년경의 고대문명에 해당하는 청동기문명이었다. 아마도 이러한 문명 발달단계의 수천 년의 시차는 신대륙의 문명이 구대륙의 문명을 만나 어이없이 무너져버린 근본적인 이유일 것이다. 그러면 신대륙의 문명 발달은 왜 구대륙에 비교해서 많은 시차를 가지고 뒤처졌을까?

이와 관련하여 유의해야 할 사실은 베링해협을 건너 아메리카대륙으로 처음 인류가 발을 디딘 것은 불과 BC 13000년경이었다는 점이다. 따라서 유라시아 대륙에서 농업이 본격적으로 시작되던 시기(BC 9000년경)에 아메리카 대륙은 여전히 매우 낮은 인구밀도로, 수렵채취에 의해 생존해나가는 데 아무런 어려움도 없었을 것이다. 따라서 영거드라이아스기 동안의 한랭화에도 이후 BC 3000년경의 건조화시기에도 농업이나 관개사업 등의 필요성을 크게 느끼지 않았을 것이다. 다이아몬드(Diamond)도 그의 저서 '총·균·쇠'에서 아메리카대륙이나 오스트레일리아대륙 등에서 문명발전이 뒤처졌던 중요한 이유 중의 하나로 낮은 인구밀도를 들고 있다.[22] 즉 남부 아프리카, 오스트레일리아, 아마존의 원주민들이 현대에 이르기까지도 수렵채취생활을 해오고 있는 가장 중요한 이유는 낮은 인구밀도와 풍부한 야생동식물로 농사의 필요성이 없기 때문이라는 것이다. 그는 또 유라시아대륙은 동서로 길어 비슷한 생활을 영위하는 같은 기후대를 따라 문명이 전파되기 쉬웠던 반면, 아메리카대륙은 남북으로 길어서 문명이 전파되기 어려웠다는 흥미로운 가설도 함께 제시하고 있다.

4 고대 문명의 붕괴

건조화가 점점 더 진행됨과 더불어 메소포타미아문명과 인더스문명 등의 고대 문명은 스스로 붕괴하게 된다. 문명의 붕괴에는 기후변화뿐만 아니라, 현대문명과 마찬가지로 문명에 의한 환경파괴도 중요한 역할을 하였다. 사막의 토지를 깎아 흐르면서 대량의 토사를 나르는 티그리스, 유프라테스강은 염분이 많아 물이 증발하고 난 뒤 염분이 남는 고염분화(高鹽分化)가 발생하게 된다. 따라서 메소포타미아의 농업은 시간이 지나면서 염분에 약한 밀 대신 염분에 강한 보리를 주로 생산하게 되었다. BC 2200년경에는 수확배율이 10분의 1 정도까지 감소되어 있었다. 한편, 건물을 짓기 위해 벽돌을 사용한 메소포타미아문명에서 벽돌을 굽기 위한 나무를 얻기 위해 벌목을 해 삼림을 황폐화시켰다. 나무가 없는 민둥산은 홍수나 가뭄 등 기상재해에 취약하게 된다.[39]

인구가 집중되어 있었던 메소포타미아의 도시국가에 있어서 장기간의 가뭄은 치명적이었다. 아카드왕국의 도시 텔 레일란(Tell Leilan)에서는 BC 2200년경 거대한 성벽을 세운 직후 갑자기 버려졌다. 버려진 다음의 퇴적층에 모래먼지가 두껍게 쌓인 것으로부터 극심한 가뭄이 발생했었음을 알 수 있다.[97] 페르시아만의 해저퇴적물에서도 그 당시 메소포타미아평원이 매우 건조해졌었음을 확인할 수 있었다.[15] 이 시기에 아카드에서 곡물의 배급제가 실시되고, 우르에서는 지배자가 식량배급을 큰 폭으로 삭감하였다는 기록이 나타난다. 관개용수의 이용과 곡물의 약탈을 둘러싸고 도시 간에 전쟁으로 쇠퇴해가던 중 이란고원으로부터 온 이민족 구티인의 침략을 받아 멸망하게 되었다. 그러나 메소포타미아문명은 이후 건조했던 기후가 어느 정도 완화되면서 다시 문명을 회복해, BC 1830년경 함무라비법전으로 유명한 바빌론 왕국이 또 다시 전성기의 꽃을 피우게 된다.

메소포타미아문명과 달리 이집트문명에서는 나일강은 유량이 매우 많아 고염분화의 피해가 별로 없었으며, 또 건축을 위해 벽돌 대신 거석을 주로 사용해 벌목의 피해도 별로 없었다. 또 북쪽으로는 바다, 나머지는 사막으로 둘러싸여 적이 침입하기 어려운 지리적 조건을 가진 이집트는

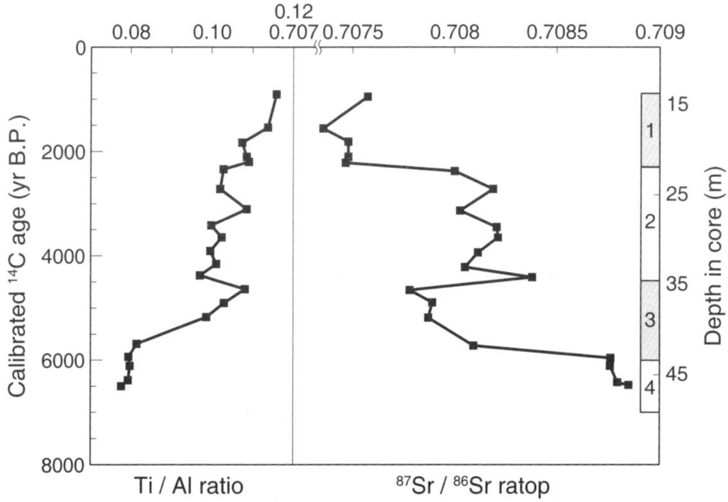

그림 4-13 Sr 동위원소비와 Ti/Al로 추정된 나일강 수위의 변화(4: 고수위, 3: 급격한 최저수위, 2: 중간정도에서 변동하는 수위, 1: 저수위).[47]

BC 30년 로마에 의해 멸망당할 때까지 수천 년에 걸쳐 문명이 안정적으로 유지되었다. 그렇다 하더라도 이집트에서도 여러 번의 왕조의 흥망성쇠가 있었는데, 최근 퇴적물로부터 나일강의 유량을 조사한 지질학적 연구에 의하면, 나일강의 수위와 이집트 왕조와의 상관성을 보여주고 있다(그림 4-13). 특히 BC 2500–2200년간 나일강의 수위가 갑자기 하강했을 시기는 이집트의 고왕국이 붕괴하던 시기와 일치한다. 기록에 의하면, BC 2200년경 파라오의 예측과는 달리 홍수가 발생하지 않는 해가 여러 해 발생하였다. 이집트의 민중들은 심각한 기근에 시달리고, 파라오의 신성한 예측능력에 의문을 품게 되어, 폭동이 빈발하게 되었다. 결국 고왕국은 쿠프왕이 피라미드를 건설한 400년 뒤 BC 2184년에 멸망하게 되었다. 이후 이집트는 분열 상태가 100년 이상 계속된 뒤 BC 2040년 이집트를 통일한 멘투호

텝 1세에 의해 중왕국이 시작되었다. 나일강 유량이 다시 늘어 경제는 다시 융성을 맞이했다. 그러나 중왕국의 파라오들은 더 이상 고왕국 시대처럼 절대신(絶對神)으로 돌아가지 않고, 스스로를 태양신 라(Ra)로부터 통치를 위탁받은 자로 해석하였다. 참고로 피라미드, 스핑크스와 같은 웅대한 건축물이 세워진 것은 파라오가 절대신이었던 고왕국시대이다.

인더스문명의 붕괴에 관해서는 마치 스페인인의 침략을 받아 아즈텍, 잉카문명이 붕괴했듯이, BC 1800년경 인도로 들어온 아리안족에 의해 점령당하여 붕괴했다는 이론이 오랫동안 주장되어 왔다.[98] 실제 이 무렵 중앙아시아의 아리안족이 인도반도로 들어온 것에 대해서는 많은 고고인류학적, 유전학적 증거들에 의해 입증되고 있다. 이에 대한 가장 뚜렷한 증거는 힌디어를 포함 산스크리트어에 뿌리를 두고 있는 북인도의 언어가 현재 유럽의 언어와 같은 어족인 소위 인도유럽어족에 속한다는 사실이다. 정복자인 아리안족은 계급사회를 영속화하기 위해 카스트제도를 도입했는데, 이것도 현재 라틴아메리카의 백인, 메스티소, 인디오의 계급사회와 유사하다. 그러나 인더스문명 유적에서 유골들이 장례를 치른 흔적이 있는 반면, 파괴된 흔적은 별로 없다. 인더스문명의 붕괴의 다른 원인으로 인더스강의 물줄기의 변동을 제시하기도 한다. 그러나 그렇게 고도의 문명을 이룬 민족이라면, 새로운 물줄기 부근으로 이동하여 문명을 계속하는 것이 그렇게 어렵지 않았으리라 여겨진다.

최근의 고고학적 결과에 의하면 마치 스페인인이 침략했을 때에는 마야문명이 이미 붕괴된 상태였던 것처럼, BC 1500년경 아리안족이 인도에 들어왔을 때에는 인더스문명은 이미 기후변화와 환경파괴로 붕괴해버린 상태였을 가능성이 더 커 보인다. 해저퇴적물자료의 분석으로부터 이 시기 이후 인더스문명에서는 건조한 기후에서 자라는 식물들의 퇴적물이 증가하고, 유입되는 강물의 양이 감소하여 염도가 증가하였음을 확인할 수 있었다.[77] 메소포타미아문명과 마찬가지로 인더스문명도 고염분화와 벌목이 문명의 붕괴에 영향을 끼쳤을 것으로 여겨진다. 이러한 환경파괴로 인해 기후변화에 대한 대응력이 취약해진 상태에서 극심한 한발과 강물줄기의 변동 등에 의해 인더스문명이 결정적으로 붕괴되었을 것이라고 여겨진다.

주목해야 할 사실은 메소포타미아문명의 아카드왕국의 붕괴, 이집트문명의 고왕국의 붕괴, 인더스문명 자체의 붕괴가 모두 BC 2200–2000년경에 발생했다는 점이다. 이 시기의 극단적인 가뭄은 중근동뿐만 아니라, 중국 등 다른 여러 곳에서도 나타나고 있다.[94] 우리는 점차적으로 악화되던 기후의 건조화가 이 시기에 절정에 달해, 기존의 문명들이 도저히 견디지 못하고 붕괴되었음을 상상할 수 있다. 그러나 한 가지 중요한 차이점은 메소포타미아문명과 이집트문명은 한동안의 혼란기를 극복하고, 100–200년 뒤에는 문명을 회복하여, 각각 바빌론 왕국과 중왕국의 제2의 번성기를 누린 반면, 인더스문명은 이후 영원히 지구상에서 사라져버렸다는 점이다. 기후변화와 관련하여 어떤 조건에서 문명이 탄생하고, 어떤 조건에서 문명이 붕괴하는가, 또 어떤 조건에서 붕괴된 문명이 회복되지 못하고 영원히 사라져버리게 되는가를 이해하는 것은 매우 흥미로운 문제이다.

인류 역사상에 있어서 기후변화 및 이에 따른 환경 변화에 적응하지 못하고, 문명이 스스로 붕괴된 예는 이후로도 여러 번 발생하였다. 여러 기후요소 중에서도 가뭄이 특히 중요한 역할을 많이 하였는데, AD 900년경의 중앙아메리카의 마야문명의 붕괴, AD 1300년경의 미국 남서부의 아나사지문명의 붕괴, AD 1400년경의 동남아시아 크메르문명의 붕괴, AD 1600년경 사하라사막 남부의 말리, 송하이 등의 이슬람제국들의 붕괴도 모두 극심한 가뭄이 문명 붕괴에 중요한 요인이 되었던 것으로 믿어지고

그림 4-14 이스터섬의 모아이 석상

있다.[21] 한편, BC 1500년경 에게해의 테라섬에서 발생한 엄청난 화산의 폭발은 이에 따른 자연재해와 기후변화로 인해 그 당시 번성하던 크레타섬의 미노스문명을 붕괴시켰다. 이들에 관해서는 뒤에 다시 자세히 다루도록 한다.

그러나 기후변화와는 관계없이 환경의 파괴에 의해 붕괴한 경우도 있다. AD 1722년 4월 5일 부활절에 네덜란드 군인 로헤벤이 남태평양의 이스터섬을 발견했을 당시, 이스터섬에는 황량한 황무지에서 원주민들이 근근이 살고 있었으나, 모아이라고 불리는 큰 석상을 비롯해서, 고도의 문명의 흔적이 남아 있어, 유럽인들을 놀라게 하였다(그림 4-14). 누가 이러한 문명을 일으켰으며, 또 어떻게 이 문명이 붕괴하게 되었는가에 관해 많은 사람들이 궁금해 하였다. 남태평양의 동쪽에 위치해 항상 풍부한 강수량과 온난한 날씨를 유지하는 이스터섬은 과학적 조사 결과 17세기까지도 키 큰 나무들이 빽빽한 섬이었다는 것을 알게 되었다. 원주민들은 동남아시아·인도네시아 방면에서 왔으며, 미크로네시아–서 폴리네시아를 거쳐 기원 전후 무렵에 동 폴리네시아의 이 섬으로 이동했다. 이스터 섬에 정착한 사람들은 나무로 식탁을 준비했을 뿐 아니라 죽은 자를 화장하는 데도 나무를 사용했다. 이들은 이 섬의 가장 높은 곳을 제외한 나머지 땅을 농경지로 만들어 버렸다. 나무로 만든 큰 배로 먼 바다로 나가 고기를 잡았으며, 거대한 모아이 석상을 운반하는 데 필요한 목재를 위해서도 나무를 베었다. 과도한 벌목의 결과 이 섬의 삼림은 원주민들이 도착한 AD 900년경부터 파괴되기 시작했으며, 18세기에 들어서는 작은 나무 몇 그루만 있는 초원지대가 되어 버렸다.[21]

이스터섬의 삼림 파괴는 참혹한 결과를 가져왔다. 나무들이 사라지자 천연자원이 턱없이 부족해졌고, 식량을 제공할 야생동물마저 크게 줄었으며, 고기를 잡을 배도 못 만들게 되어, 식량생산이 곤두박질쳤다. 식량생산의 급속한 저하로 이곳 사람들은 기아에 허덕였다. 태평양에서 한가운데 고립되어 있는 이스터섬 사람들은 곤경에 빠졌지만 피신할 곳이 없었다. 구원을 요청할 곳도 없었다. 고갈되어 가는 식량자원을 차지하기 위해, 부족 간의 전쟁이 일어나 상황을 더욱 악화시켰다. 한 세기 전만 하더라도 15000명을 넘던 인구가 유럽인이 도착했던 AD 1722년에는 2000–3000명으로 줄어들어 있었다. 이스터문명의 붕괴는 규모는 훨씬 크지만 지구라는 고립된 행성에서 사는 인류의 장래에 대해 시사하는 바가 크다. 한편, 이스터섬의 인구가 격감한 더 중요한 요인은 이후 유럽인들에 의한 수탈과 전염병의 전파였다는 견해도 있다.[113]

대부분의 경우에 있어서, 문명의 붕괴는 특정한 한 가지의 요인이라기보다는 여러 요인들이 복합적으로 작용해서 일어난다. 앞서 기후변화가 요인이 된 문명붕괴의 경우에도 이미 문명이 환경파괴 등으로 매우 취약해진 상태에서 기후변화에 대응할 수 있는 능력을 잃어버려 발생하게 되었음을 알 수 있다. 또 외부 침략에 의해 멸망한 문명의 경우에도 환경적 요인으로 스스로 거의 붕괴 상태에 있던 경우가 많이 있다. 예를 들면, 로마는 역사적으로는 AD 476년 게르만족의 침입에 의해 망했다. 그러나 주위 야만족의 침입은 항상 있어왔으며, 로마는 이를 천 년 동안 잘 막아왔었다. 로마가 망한 것은 게르만족의 전투력이 크게 향상되어서라기보다는 3세기 이후 한랭, 건조해진 기후의 영향 아래 지중해성기후를 기반으로 하는 로마의 경제가 약해져있었기 때문이다. 비슷한 사례가 타이의 침략에 의해 망한 크메르제국, 아리안 침략과 인더스문명, 바다민족의 침입과 미케네문명 등을 들 수 있다. 사학자 토인비(Toynbee)는 그의 저서 '역사의 연구'에서 대부분의 문명은 타살이 아니라, 자살의 형태로 멸망한다고 기술하고 있다.[91]

제 5 장

BC 2000–BC 500: 한랭건조기 I – 혼란과 민족이동

1 기후의 악화

BC 2000년 이후 기후는 더욱 악화되어, BC 2000–500년간은 한랭, 건조한 기후가 자주 나타났다. 이 시기의 한랭화의 계기가 되었던 한 가지 요인으로서 대규모의 화산 분화를 들 수 있다. 거대 화산의 분화나 우주로부터 운석의 충돌 등은 다량의 에어로졸을 공기 중에 발생시켜, 태양복사가 지표면에 도달하는 것을 차단하고, 이로 인해 기온의 급강하를 불러일으킨다(II–2–3 참조). 그린란드와 남극 빙상의 얼음코어로부터 이 시기에 해당하는 부분에서 다량의 화산재가 발견되었다. 그 한 예로서 BC 1500년경의 에게해의 테라섬(현재 산토리니섬) 화산 분화와 BC 1000년경의 아이슬란드섬의 헤클라 화산 분화를 들 수 있다.

이 시기의 한랭화의 흔적은 전 세계적으로 발견된다. 캐나다에서는 북부의 삼림 한계가 BC 1500년경에는 400km 남방으로 후퇴하였으며, 건조화로 인해 산불이 빈발하였다. 캘리포니아주 화이트마운틴의 나이테는 BC 1200–1000년간 한랭화의 기록을 보여주고 있으며, 알래스카에서는 BC 1500–1300년에 걸쳐 빙하가 남쪽으로 전진한 기록을 보여주고 있다.[50] 또 빙하의 전진은 콜로라도와 스칸디나비아의 산악지대에서도 관측되었다. 인도의 라자스탄에서는 몬순의 약화로 BC 1300-900년간 수확량이 약 70% 감소한 것으로 추정된다.[3] 타르사막이 생겨난 것도 이 시기이다. 중국에서도 상(商) 왕조가 망하고 주(周) 왕조가 들어서던 시기에(BC 1046), 마른 안개로 태양이 어둡게 나타나고, 7월에 서리가 생겼으며, 황하가 얼어붙고, 7년 동안 가뭄이 계속되었다는 기록이 나타난다.[3] 이 당시의 분묘에서 발굴된 미라를 보면 의복을 매우 두껍게 입고 있었으며, 지금보다도 약 2도 정도 온도가 낮았다고 추정된다.

2 민족의 이동과 혼란

BC 2000년경 이후 고대 문명이 쇠퇴하고, 그리스-로마 문명이 꽃피우게 되는 BC 500년경까지는 서양역사에서 별로 언급되지 않는 기간이다. 이 시기에는 각지에서 민족의 이동이나 외적의 침입이 빈번하게 나타난다. 인류 최초로 철기를 사용한 히타이트(Hittite)문명이 멸망하고(BC 1200년경), 아리안족이 서아시아와 인도로 침입한다(BC 1500-1300). 그리스문명에 앞서 에게해의 크레타섬에서 꽃피웠던 미노스(Minos)문명이 BC 1600년경 테라섬의 화산폭발과 함께 멸망하고, 뒤를 이어 그리스반도에 나타난 미케네(Mycene)문명도 BC 1200년경 급격히 멸망한다. 외적의 침입으로부터 비교적 자유로웠던 이집트도 이 시절에는 히타이트, 시리아, 리비아 등으로부터 침략을 당했다. 중국에서도 이 시기에 상왕조가 망하고 주왕조가 들어섰다(BC 1046). 주나라도 또다시 BC 800년경 국정의 혼란에 빠져 제10대 여왕(厲王) 때에는 폭동이 일어나 국왕이 수도를 탈출하고, 이후 춘추전국

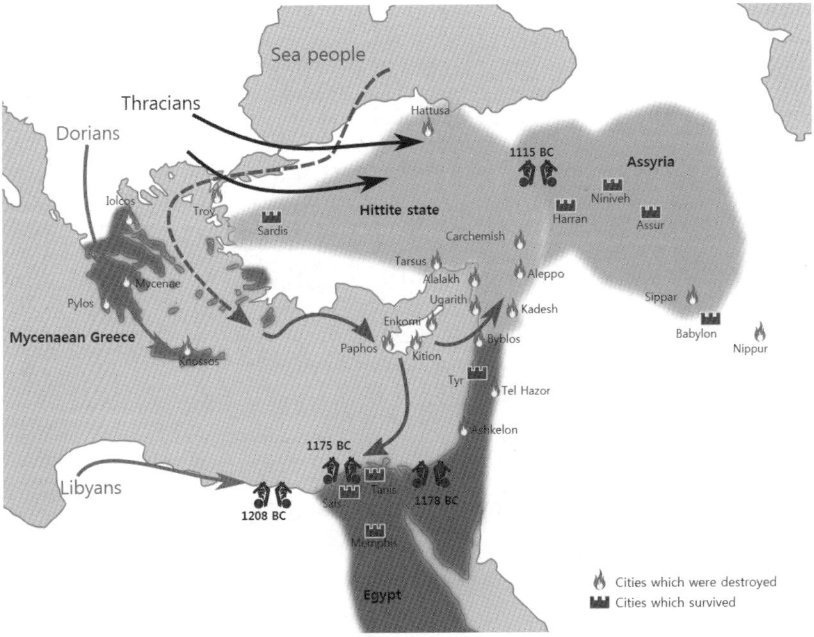

그림 5-1 후기청동기시대의 붕괴(late bronze age collapse)

시대(春秋戰國時代)의 혼란기에 들어서게 된다.

이 시기를 특징짓는 흥미로운 역사적 사건은 BC 1200–1150년 사이, 불과 50년 동안 미케네문명, 히타이트왕국, 이집트 신왕국, 바빌로니아 카시트왕국 등 지중해 동부의 많은 문명들이 동시다발적으로 붕괴되었다는 점이다(그림 5-1). 이를 후기청동기시대의 붕괴(late bronze age collapse)라고 부른다. 이 시기에 여기저기서 정체가 불분명한 바다민족(Sea People)이 해안에 나타나 약탈을 자행하였다. 이집트는 바다민족의 침략을 간신히 물리쳤지만, 레반트지역으로부터는 물러나야 하였다. 크레타섬을 비롯한 에게해의 섬들에서는 주민들이 바다민족을 피해 산꼭대기 요새로 옮겨간 흔적이 남아 있다. 최근 사해(死海; Dead Sea)와 갈릴리해의 퇴적물의 조사에 의하면,

이 시기에 심각한 가뭄이 존재했었음을 제시하고 있다. 나일삼각주의 퇴적층으로부터 식생을 분석한 결과, 고대문명의 붕괴가 시작되었던 BC 2200년경뿐만 아니라 이 시기에도 극심한 가뭄이 있었던 것이 확인되고 있다.[5] 바다민족의 출몰은 그 당시 열악한 기후환경 아래서 굶주림을 피해 대규모의 민족이동이 발생했었음을 암시하고 있다. 인류역사상 최초로 유일신을 숭배하였던 유대인의 국가 이스라엘이 역사상에 처음 나타난 것도 이 무렵 바다민족의 출몰이 가라앉은 다음이다. 그들의 신 야훼는 인간의 죄를 천둥과 번개, 홍수와 가뭄으로 벌하는 날씨의 신이었다. 후기청동기시대의 붕괴를 유발한 또 한 가지의 이유로 철기문명의 도래가 언급되기도 한다. 철기는 청동기보다 더 강력한 무기이면서도 극히 한정된 지역에만 매장되어 있는 구리, 주석과는 달리 훨씬 더 광범위하게 매장되어 있다. 더 높은 온도를 필요로 하는 철기 제련기술을 습득한 종족들에 의해 청동기 생산을 독점하였던 기존의 전제군주에 의해 지배되는 세력이 무너져서 청동기시대 후기 광범위한 지역에서 많은 혼란을 야기했다고 주장되어지고 있다.[70]

기록된 가장 오래된 대규모의 국가 간의 전쟁으로 알려져 있는 이집트와 히타이트 사이의 카데시(Kadesh) 전쟁(BC 1274)도 그 당시의 한랭건조화와 관계가 깊은 것으로 보인다. 최초로 철기를 제련한 것으로 알려져 있는 인도유럽어족에 속하는 히타이트족은 강력한 군사대국이었으나, 그들의 본거지인 아나톨리아반도는 식량생산이 불충분해, 식량은 주로 시리아, 이집트 등 주변 국가들로부터의 수입에 의존하고 있었다. 한발로 인해 식량수출국들의 생산량이 감소하여 주변 국가들이 수출을 못하게 되자, 히타이트는 다른 나라들보다도 그 피해가 더 심각하게 되었다. 이로 인해 원래부터 강력한 군사대국이었던 것만큼 식량자원을 확보하기 위해 군사를 남하시켜 시리아를 정복하고, 결국은 이집트와 충돌하게 되었다. 전쟁은 히타이트는 4만 명의 병사와 3700대의 전차, 이집트군은 2만 명의 군사와 2000대의 전차로 맞붙은 대규모의 전쟁이었다. 전쟁의 결과는 히타이트 쪽에서 설형문자로, 이집트 쪽에서 상형문자로 기록된 양쪽 기록 모두 승전으로 기록되어 있으나, 실제로는 서로 상대방의 원래 영토까지 진격하지 못하고, 교착상태에서 끝난 것으로 보인다. 전쟁은 휴전으로 끝나고, 이집트는 다시 식량을 히타이트로 보내게 되었으나, 히타이트의 기근은 가라앉지 않고, 각지에서 내란이 발발하였다. 결국은 수수께끼의 민족인 바다민족의 침입을 받아 BC 1190년에 멸망하게 되었다. 철의 제련법은 히타이트의 멸망 이후 중근동 각지로 확산돼 청동기 문명으로부터 철기 문명으로 급속히 이행되게 되었다.

이 시기 일어났던 인류의 이동 역사상 가장 중요한 사건으로서 BC 1500-1300년경 원래 중앙아시아에 살던 인도유럽어족의 유목민족이었던 아리안족이 이란을 거쳐 북인도로의 이동을 들 수 있다. 아리안족은 인도에 들어오면서, 철(鐵), 말(馬), 바퀴(輪)를 가지고 들어왔으며, 이를 바탕으로 원주민들에 비해 압도적인 군사적 우위에 있었다. 유목생활은 항상 이동을 해야 하며, 때로는 장거리 이동을 피할 수 없었다. 그리고 초원지대에서의 사냥은 기동성이 있어야 했다. 이런 연유로 바퀴의 발명과 말의 이용은 중앙아시아(또는 흑해 연안 우크라이나 대초원지대)에서 처음 시작되었다. 말이 가축화된 것은 BC 3500년경으로 양, 소, 돼지 등 다른 가축에 비해서 늦었다. 바퀴와 말이 결합된 전차는 고대의 최첨단 무기였다. 이러한 아리안족이 그들이 원래 살고 있던 중앙아시아를 떠나 유럽, 서아시아, 인도 등의 주변 국가들을 마구 침략하게 된 배경에는 당시 중앙아시아의 기후가 한랭, 건조해져 더 이상 살아갈 수가 없게 되었던 상황과 관계있는

(a)

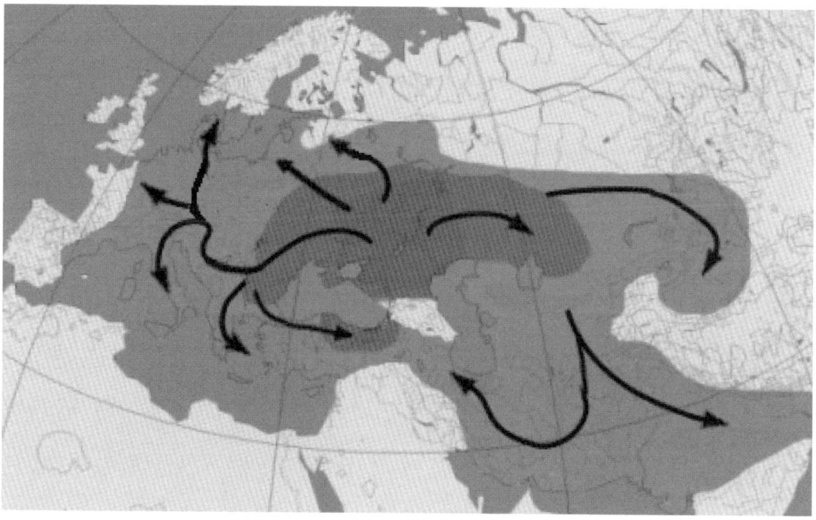

(b)

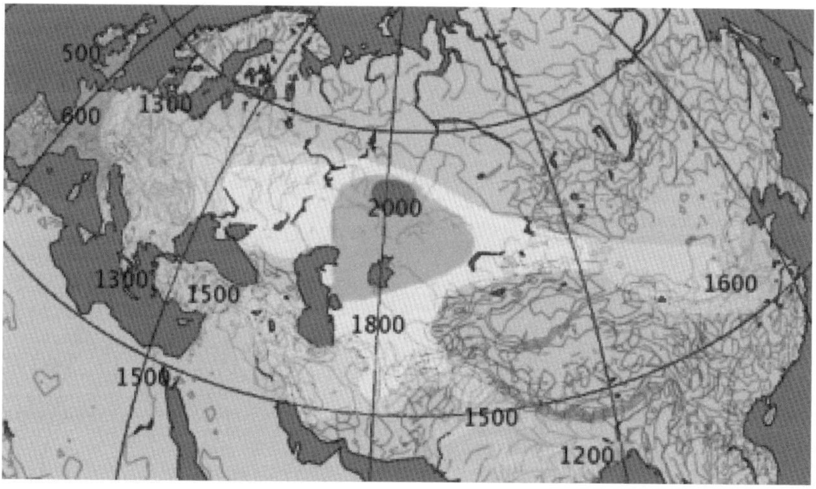

그림 5-2 BC 1000 년경까지의 (a) 인도유럽어의 전파, (b) 전차의 전파

것으로 보인다. 그 결과로 현재 인도유럽어족은 인도, 이란, 유럽에 걸쳐 분포하게 되었다(그림 5-2a). 인도유럽어의 전파는 그 당시 아리안족의 우월한 무기였던 전차(chariot)의 전파와도 일치한다(그림 5-2b). 전차와 관련 있는 바퀴라는 단어도 인도유럽어족에서 비슷한 발음을 가지고 있다(영어 cycle, 그리스어 kyklos, 산스크리트어 cakra).

BC 1500-1300년 무렵 인도로 들어온 아리안족은 이미 붕괴해버린 인더스문명을 대신하여 현재 인도문명의 뿌리인 베다문명을 발전시켰다. 베다문명은 건조한 인더스강보다 훨씬 온난, 다습하고, 유량도 많은 갠지즈강을 중심으로 발달하였다. 원래 유목민족이었던 아리안족은 인도에 들어온 이후에도 오랫동안 문자가 없는 부족사회의 형태로 머물러 있다가, 본격적으로 문명이 발전하기 시작한 것은 BC 600년경이었다. 이때 산스크리트어로 기술된 힌두교의 성전인 베다(Vedas)가 만들어지고, 카스트제도에 기반을 둔 사회계층화가 이루어졌다. BC 322년에는 인도 최초의 대제국인 마우리아(Maurya)제국이 세워진다.

흥미롭게도 이러한 한랭건조기의 가혹한 기후조건에 오히려 번성한 문명이 있었으니, 이는 페니키아(Phoenicia)문명이다(BC 1500-300). 페니키아가 존재했던 본거지는 레반트지역으로 지중해성 기후로 이집트나 메소포타미아보다는 기후가 좋으나, 큰 강이 없어, 관개가 불가능하고, 따라서 작물은 주로 올리브, 포도 등으로 한정되어 있어, 주식인 곡물을 얻기 위해서는 무역이 필요하였다. 한편 그 당시 레반트지역은 배를 만들 나무가 풍부하였고, 지중해는 폭풍우도 거의 없어, 연안을 따라서 항해가 용이하므로 인류 최초의 상업 문명이 탄생하였다(솔로몬의 신전을 건축하는데도 사용되었던 레바논의 삼나무는 불행히도 과도한 벌목으로 현재는 드물게 작은 규모의 군락지들과 레바논 국기에만 남아있을 뿐이다). 농업에 의존하지 않는 상업 문명은 기후의 악화에 영향을 덜 받고, 오히려 혼란과 민족이동 시기에 번성할 수 있었다. 현실적인 상인들이었던 만큼, 페니키아인들은 인류 최초의 소리글자를 발명하였다. 페니키아문자는 나중에 고전 그리스인들이 그리스문자를 만드는 기반이 되었으며, 현재 세계적으로 널리 사용되고 있는 알파벳의 원조라고 할 수 있다. 페니키아문자를 현재의 아라비아문자처럼 모음은 없이 자음으로만 되어 있었는데, 그리스인들이 모음을 처음으로 도입하였다.

3 인류의 기술과 정신세계의 진보-철기문명과 종교의 탄생

앞서 언급한 것처럼 현대문명을 지지하는 철기문명도 이러한 한랭, 건조한 기후 아래서의 혼란 시기에 탄생하였다. 철기의 사용으로 농지의 개간이 용이해졌고, 땅을 깊이 팔 수도 있어 농업생산성이 크게 향상되었다. 그러나 앞 장에서 언급한 것처럼 극히 제한된 사람들만 구할 수 있었던 광물이었던 구리와 주석과는 달리 매우 광범위하게 매장되어 있는 광물인 철의 등장은 기존 전제군주의 권력을 약화시키는 역할을 하였다. 이로 인해 BC 1200-1150년 사이 히타이트, 미케네, 바빌로니아 카시트 왕국 등이 동시다발적으로 무너진 후기청동기시대의 붕괴를 가져왔다. 중국에서도 중국 각지에서 새로운 기술로 철기를 생산할 수 있게 됨에 따라 청동기의 생산을 독점하고 있던 주왕실이 급속히 그 세력이 약해지고, 수많은 나라들이 서로 경쟁하는 춘추전국시대로 들어서게 된다. 그러나 철기는 보다 효과적으로 벌목을 가능하게 했을 뿐 아니라, 더 높은 온도를 요구하는 철의 제련은 더 많은 벌목를 요구해 산림 황폐화를 촉진시키는 요인이 되기도 하였다.

정치나 경제뿐만 아니라 한랭, 건조한 기후가 유발한 민족이동은 사람들의 정신세계에도 영향을 끼쳤다. 인류역사에 정신적인 지주의 역할을 해온 수많은 종교와 철학이 이 시기에 생겨났다. 종교적인 사고와 의식은 오래전 선사시대부터 인류사회를 지배하는 중요한 기능을 하여왔으나, 체계적인 사상과 의식, 경전 등을 갖춘 근대종교가 탄생한 것은 이 무렵이었다. 인도에서는 BC 566년 석가가 탄생하여 불교를 열었으며, 중국에서는 유교를 확립시킨 공자(孔子, BC 551-479)와 도교를 확립한 노자(老子)도 이 시기에 등장한다. 유대교의 경우 성립 자체는 BC 1200년경 모세의 출애굽기로 거슬러 올라가지만, 실제 종교적으로 뚜렷한 특징이 확립되는 것은 BC 600년경에 시작하는 바빌론유수 시기이다. 그리스에서 소크라테스(BC 469-399)와 아리스토텔레스(BC 384-322)도 이 시기에 등장한다. 또 인도에서 마하비라(BC 599-527)에 의해 창시된 자이나교(Jainism)와 페르시아에서 조로아스터에 의해 창시된 조로아스터교(Zoroasternism, 拜火敎)도 이 시기에 등장하였다. 기독교와 이슬람교를 제외한 대부분의 중요한 종교와 철학이 이 시기에 확립되었거나, 창시된 것은 매우 흥미로운 사실이다. 이와 관련하여 우리는 현대문명을 가져온 현대과학과 근대사상도 AD 1300-1900년 동안의 소빙하기에 탄생하였다는 점도 눈여겨볼 필요가 있다.

사대문명을 일으켰던 고대의 제국들이 붕괴하고, 외적의 침입과 민족이동에 의해 여러 지역의 민족들이 뒤섞이는 상황 아래서, 서로 전혀 다른 인생관과 사고를 가진 사람들을 만나게 되고, 이로부터 새로운 사상이 싹틀 환경이 조성되었으리라 추측할 수 있다. 이 시기가 바로 춘추전국시대에 제자백가들이 여러 나라를 돌아다니며 사상을 전파하던 시기이기도 하다. 또 철의 발명은 삼림의 파괴, 농지의 황폐를 가져와 고대사회의 붕괴를 촉진시켰다. 이러한 상황에서 생겨난 종교는 사회불안과 내란에 고통

받는 사람들의 열광적인 지지를 받게 되고 낡은 습관과 지배 시스템을 부수는 역할을 하였다. 강산이 황폐해지고, 가뭄이 빈발하고, 굶주림이 만연하는 가운데 석가가 생로병사(生老病死)의 깨달음을 얻는 것처럼, 경전에는 환경의 파괴와 기후의 악화에 따른 고통에 대한 기술들이 많이 나타나고 있다.

기후는 종교의 사상체계에도 영향을 끼쳤는데, 사계절의 변화가 뚜렷하고 우기와 건기가 주기적으로 나타나는 몬순기후에서는 윤회(輪迴)를 믿는 불교, 힌두교 등이 생겨났으며, 모래만 끝없이 계속되는 사막에서 적막한 밤하늘의 수많은 별을 바라보며 지내야 했던 사막기후에서는 유대교와, 이후에 기독교, 이슬람교와 같은 절대유일신을 믿는 종교가 생겨났다는 점이다.

마지막으로 이 시기에 사회와 국가의 틀을 형성할 수 있는 계기가 된 많은 발전이 이루어졌다는 점도 눈여겨보아야 한다. 메소포타미아에서는 BC 1700년경 세계에서 가장 오래된 성문법으로 여겨지는 함무라비법전이 출판되었다. '눈에는 눈, 이에는 이'라는 엄격한 징벌주의로 유명한 이 법전에는 토지의 소유와 매매에 관한 기술도 있다. 인류 최초의 화폐도 이 시기에 나타나는데, 그것은 히타이트문명의 붕괴 후 소아시아에서 BC 600년경 번성한 리디아(Lydia)왕국에서 주조된 금화이다. 민족이동에 의해 지연 혈연이 없는 많은 사람들이 한 장소에서 만날 기회가 많아짐에 따라 물건을 교환하거나, 또는 화폐로 매매를 하는 시장이 발달하게 되었다.

4 서구 문명의 태동

서양문명의 요람으로 알려진 그리스문명은 BC 4–5세기경 도시국가(polis)를 기반으로 해서, 민주주의 정치는 물론 철학, 과학, 문학, 미술 등의 다양한 문화를 꽃피웠다. 소크라테스, 플라톤과 같은 철학자들은 서구사상의 뿌리가 되었다. 우리는 이를 고전시대라 부르며, 아크로폴리스와 파르테논신전도 이 시기에 세워진 뛰어난 건축물들이다(그림 5–3). 그러나 이러한 그리스의 고전시대 이전에 에게해의 크레타섬에서 꽃피운 미노스문명(또는 크레타문명, BC 2700–1500), 그리스 본토에서 최초로 탄생한 미케네문명(BC 1600–1100) 등의 청동기문명이 존재하였다는 사실을 잊어서는 안 된다. 그들은 페니키아문자를 바탕으로 개발된 현재의 그리스문자와는 전혀 다

그림 5–3 그리스 문명의 파르테논 신전

그림 5-4 미노스 문명의 크노소스 궁정벽화

른 그들 고유의 문자를 가지고 있었다. 그리고 미케네문명이 붕괴되고 나서, 그리스문명이 시작되기 전까지 오랫동안 아무런 역사적 기록을 남기지 않은 암흑시대의 기간이 존재한다.

미노스문명은 고대문명의 발상지인 이집트, 레반트 지역에서 그리스로 들어오는 길목에 자리 잡은 크레나섬에서 나타난 그리스 최초의 문명으로 지중해 교역을 독점하였다. 문명의 번성기 동안 크노소스를 비롯한 많은 궁전이 건립되고, 도기, 금속기의 제작이 성행하였으며, 작은 조각, 그림도 발달하였다(그림 5-4). 수도 크노소스는 인구 8만을 헤아렸으며, 정치, 경제, 문화의 중심으로서 번영하였다. 크노소스궁전은 경사진 곳에 가운데 마당을 사이에 끼고 수백의 작은 방을 배치한 복잡한 계획에 의하여 건립된 대건축으로, 이 궁의 문장(紋章)인 양날의 도끼 '라브리스'(Labrys)로부터 미궁(迷宮: Labyrinthos)이라는 단어가 유래하게 되었다.

이렇게 번성했던 미노스문명이 BC 1500년경에 갑자기 멸망하게 된다.

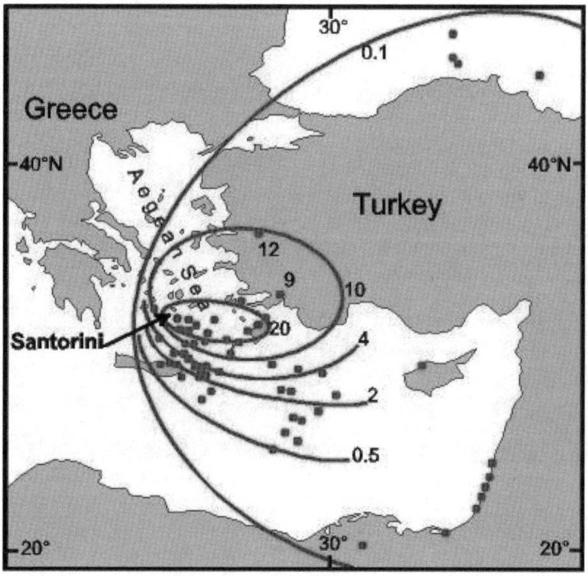

그림 5-5 테라섬(산토리니섬) 화산폭발로 인한 화산재두께의 분포.[86]

갑작스러운 문명의 붕괴에 대해 오랫동안 사학자들은 의아해 왔었는데, 지질학자들에 의해 크레테섬에서 불과 100km밖에 떨어져 있지 않은 테라섬(현재 산토리니섬)에서 역사상 최대 규모의 화산이 폭발했었음을 알게 되었다(그림 5-5). 화산은 크레타섬을 분출된 화산재로 뒤덮었을 뿐만 아니라 화산으로 인해 발생된 거대한 쓰나미가 발생하여 해일이 해안을 덮쳤고, 화산과 함께 분출된 이산화황은 태양복사를 차단하여, 비도 안 오고, 여름에 한랭하여 농업이 불가능하게 만들었다. 화산재와 한랭화의 흔적은 그린란드 빙하와 유럽 각국의 나이테 기록에서도 나타난다.[40,49,93] 화산 폭발과 그에 따른 기후변화에 의해 피폐해진 미노스문명은 결국 미케네문명의 침략을 받아 멸망하게 된다.

기원전 BC 350년경 그리스의 철학자 플라톤은 그의 저서 '대화'에서 바닷속으로 가라앉은 왕국 '아틀란티스'에 관한 기록을 남겼다. 이 전설은 원래 BC 700년경 아테네의 정치가로서 이집트를 방문한 솔론이 그곳의 제사장들로부터 전해들은 것이었다. '많은 섬을 거느렸던 아틀란티스 왕국에 어느 날 갑자기 화산 폭발과 홍수가 발생해 사람들이 모두 땅속으로 꺼져 들어갔다. 대륙 자체도 바다 밑으로 완전히 가라앉았다'는 것이었다. 지금까지 많은 탐험가들이 잃어버린 대륙 아틀란티스를 찾고자 했으나 아무도 찾지 못했다. 하지만 테라섬의 화산폭발에 대한 발견은 많은 학자들로 하여금 어쩌면 당시 고도로 발달했던 미노스문명이야말로 플라톤이 아틀란티스로 지칭했던 곳일지도 모른다는 생각을 하게 만들었다. 플라톤의 저서에는, 아틀란티스왕궁에서 소를 이용한 제사가 행해졌다고 기술되어 있는데, 크노소스궁전에 이러한 의식이 그려져 있다.

미노스문명의 뒤를 이어 등장한 미케네문명은 이집트에서 신왕국이 들어서고, 소아시아에 히타이트왕국이 들어서던 BC 1600년경 그리스 본토에서 발상된 최초의 문명으로, 미노스문명과 마찬가지로 해상교역을 통해 번성하였다. 미케네문명은 이집트 신왕국, 히타이트왕국과 함께 BC 1400년경 최고 번성기를 맞이하였으며, 이 당시의 미케네의 도기들이 이집트 파라오의 궁전에서 발견되기도 하였다. 미케네문명의 특성을 가장 잘 나타낸 것으로 낮은 산등성이 위에 바위산을 등지고 구축된 궁전들이 있는데, 미노스문명 궁전의 개방성과는 대조적으로 성새(城塞)로서의 성격이 강한 것이었다.

트로이의 목마로 유명한 트로이전쟁은 실제로 BC 1200년경 트로이와 그리스 사이에 일어났던 전쟁이다. 트로이전쟁은 입으로 전해 내려오다가 BC 800년경 시인 호메로스의 '일리아스', '오디세이아'라는 대서사시로 옮겨 적어져 지금까지 전해져 내려오고 있다. 헤로도투스의 사서에는 전쟁

뒤 기근과 전염병이 발생하고, 많은 토지에 사람이 살 수 없게 되었다는 기술이 있어 가뭄을 추측하게 한다. 현재 그리스의 아크로폴리스를 대표하는 상징으로 푸른 지중해의 하늘을 배경으로 흰 대리석으로 만들어진 파르테논 신전이 있고, 그 주위에는 수목이 드문 민둥산으로 되어 있는 광경이 떠오른다(그림 5-3). 그러나 이 지역이 기후최적기에는 풍요로운 삼림으로 뒤덮여 있었다. BC 1500년경 이래 기후의 건조화가 진전되고 있었음에도 불구하고, 당시의 사람들은 벌채를 계속해, 삼림은 계속 황폐해져 갔다. 미케네문명의 전성기에 이를 무렵 이미 삼림자원이 감소해서 이를 보충하기 위해 목재를 터키 서안으로부터 수입하지 않으면 안 되게 되었다. 트로이전쟁을 다룬 호머의 일리아드의 기록을 보면 수백 척의 군함이 묘사되고 있는데, 이로부터 우리는 군함의 건조를 위해서도 대량의 목재를 벌채하였다는 것을 추측할 수 있다. 계속된 삼림벌채는 토지의 황폐화를 가져오게 되었다. 역사서에는 BC 1200년경 이민족 도리아인의 침입을 받아 미케네문명이 붕괴된 것으로 기술되어 왔으나, 그 증거는 발견되지 않았고, 오늘날에는 그보다는 심각한 가뭄과 삼림파괴에 의한 내부 붕괴가 주요인으로 지적되고 있다. BC 1100년경 이후로 미케네에서는 대부분의 성채가 약탈과 화재에 휩쓸리게 되고, 주민들은 사라져버렸다. 이후 300년 뒤 호머가 나타날 때까지 그리스는 아무런 기록을 남기지 않은 암흑시대에 들어가게 된다.

그리스인들이 서양문명에 물려준 자랑스러운 유산중의 하나는 전제군주에 의해서 지배되던 중근동의 다른 고대국가와는 달리 시민 개개인이 정치에 참여하는 민주주의이다. 그리스, 로마문명의 고대문명들과 다른 중요한 특징은 큰 강을 끼고 있지 않았으며, 따라서 관개농업을 발달시키지 않고, 천수농업에 의존하였다는 점이다. 따라서 그리스, 로마인들은 관개농업에 따르는 거대한 권력에 의존할 필요 없이, 개개인이 스스로의 힘으로 식량을 조달하는 독립자영농민으로서, 이를 바탕으로 개인의 정당한 권리를 요구할 수 있었다고 생각할 수 있다. 수확은 빈약하고, 따라서 곡물경작에만 의존할 수 없어서 염소나 양을 기르는 한편, 올리브나 포도주를 제조하여 내다 팔 수 밖에 없었다. 도시도 농업중심지가 아니라, 무역에 유리한 바다에 가까운 곳에 있었다. 실제로 로마인에게 주된 식량공급원이 되었던 곳은 이집트였다. 또 낮은 농업생산성을 보충하기 위한 염소나 양 등의 방목은 삼림을 파괴시키는 요인이 되었다.

더 나아가 우리는 동서양 문명의 차이를 농업의 차이에서 이해할 수 있는데, 동양문명에서 시작된 벼농사는 논의 저수능력과 지표 보호 능력으로 인해 홍수를 막고, 지표의 유실을 막아, 서양문명에서 시작된 밀농사에 비교하여 훨씬 환경파괴가 덜 되었다.[102] 뿐만 아니라 벼농사는 단위 면적당 곡물 산출량이 밀농사에 비교하여 훨씬 많다. 한편, 여름철 건조하고, 시원하여 밀농사에 적합한 지역은 목초지로도 적합하므로, 부족한 농업생산성을 보충하기 위해 방목이 발달하였다. 특히 콩으로 단백질을 보충하던 동양문명과 달리 단백질의 보충을 선석으로 가축에 의존하여야 했던 서양문명에서는 방목은 필수적이었다. 따라서 서양문명에서는 밀농사와 방목으로 환경이 쉽게 파괴되어, 항상 새로운 개척지를 찾아 나서지 않으면 안 되었다. 반면, 벼농사를 하는 중국과 인도 등의 동양문명에서는 수천 년 동안 엄청난 인구가 매우 높은 인구밀도로 제한된 토지에 의존해 살면서도 새로운 개척지를 찾아나서야 할 필요성을 별로 못 느꼈다고 볼 수 있다. 서양에 비교해서 훨씬 환경친화적이고 생산성이 높은 농업기술을 개발한 동양에서, 오히려 이로 말미암아 근대화와 세계정복에 뒤처지게 된 것은 역사의 아이러니다.

제6장

BC 200–AD 200: 로마온난기

1 로마온난기의 기후

서기 전후 BC 200–AD 200년간은 비교적 온난, 다습한 기후가 지속되었다. 로마 초기에는 상대적으로 한랭한 기후로 시작하였지만, 점점 온난해지면서 로마의 영토가 최대로 달했던 트라야누스황제(AD 98–117) 때 온난화도 최고조에 달했다. 포도와 올리브의 재배 영역이 영국, 독일 등 북쪽으로 확장되었다. 포도의 경작을 위해서는 밤에 서리가 내리지 말아야 하고, 여름에는 충분한 일사량을 필요로 한다. 초기에 두꺼운 옷을 입고 다녔던 로마인들은 매우 가벼운 옷을 입고 지냈다. 온난한 기후는 로마시대에 트라야누스황제 시기에 건설된 다뉴브강의 다리(Iron Gate)로부터도 알 수 있는데, 이후라면 겨울에 밀려오는 빙하에 휩쓸려 내려갈 만한 장소에서 170년이나 버텼다.[50] 또 천동설로 유명한 프톨레마이오스의 기록을 보면 지금은 거의 비가 안 오는 이집트의 알렉산드리아에서 8월 이외에는 매달 비가 왔다는 기록이 나타나고 있다. 이러한 풍부한 강수 덕분에 북아프리카는 지금과 달리 로마의 곡창지대로서 알려져 있었다. 또 현재 요르단 사막 한가운데 버려진 페트라(Petra)라는 도시가 번성하였던 것도 이 시기이다. 로마시대의 온난했던 기후는 나폴리항에 기록된 수위(水位)로도 확인할 수 있는데, BC 500년경 지금보다 1m 정도 낮았던 수위가 로마시대에는 계속 상승하여 AD 400년경에는 지금보다도 조금 높았었다는 것을 확인할 수 있다. 온난한 기후 아래 로마의 농업도 크게 확장되어 플리니우스(AD 23-79)는 그의 서한집에서 너도밤나무가 이전에는 들에서도 자라고 있었다는 기록이 있으나, 현재는 산에서만 자라고 있다고 기술하고 있다.[54] 사기(史記), 한서지리지(漢書地理志)와 같은 중국사서에도 전한 말기 화북지방에서 귤, 대나무, 뽕 등의 재배에 관한 기술이 종종 나타나는 것으로 보아 오늘날보다도 더 따뜻했었던 것으로 보인다.[111] 한편, 기번(Gibbon)의 로마제국 흥망사에 로마 초기에는 얼어붙은 라인강과 다뉴브강을 넘어 외적들이 침입했고, 독일과 폴란드의 숲에는 지금은 발트해 북쪽에만 서식하는 순록이 서식했었다는 당시의 기록을 전하고 있는 것으로 보아 로마 초기까지는 한랭한 기후가 남아있었던 것으로 추측할 수 있다.

2 고대 제국의 번성

온난한 기후가 지속되었던 이 시기에 서양에는 로마제국, 동양에는 한(漢)제국이라는 거대한 제국이 장기간 번영을 누렸다. 온난한 기후 아래서의 장기간에 걸친 안정적인 농업생산량은 이 거대한 제국을 유지할 수 있는 배경이 되었다.

로마는 BC 8세기경 이탈리아 중부의 작은 마을에서 시작해 지중해를 아우르는 거대한 제국을 이룬 고대 문명으로 그리스인, 카르타고인, 셈족, 켈트족, 게르만족 등 주위의 여러 민족을 흡수한 문화의 용광로였다. 로마의 문화, 법, 군사 체제는 서양문명, 그리고 더 나아가 현대사회의 법, 정치, 전쟁, 예술, 문학, 건축, 기술, 언어 분야의 기틀이 됐다.

고대 로마는 수백 년 동안 확장을 거듭하며 왕정에서 과두공화정으로, 또 점차 제정으로 변모했다. BC 7세기경 로마는 지역 중심지로 번성하던 도시국가로 왕정 체제였다. BC 5세기경에는 왕정이 무너지고 귀족과 평민 계급이 공화정을 세웠다. 로마인들은 평민과 귀족 간에 200여 년 이상 투쟁과 타협을 반복하며 로마 특유의 과두(寡頭) 체제를 점진적으로 이뤘다. 내부의 신분투쟁 가운데서도 로마는 외적들을 복속시키며 마침내 BC 272년경 이탈리아 최남단까지 거대한 동맹체제를 수립했다. 로마는 거기에 그치지 않고 3차에 걸쳐 카르타고와 지중해의 패권을 다툰 포에니전쟁(BC 264-113)을 포함 150여 년간 여러 정복전쟁을 통해 지중해 전역을 제패했다. BC 27년 아우구스투수에 의해 시작된 제정 초기의 로마제국은 로마의 평화, 즉 팍스로마나(Pax Romana)로 불리는 전성기를 맞이한다. 트라야누스황제 시대에 로마제국은 북으로는 스코틀랜드에서 남으로는 아프리카 수단까지, 서로는 포르투갈의 대서양 연안에서 동으로는 카프카스 지방까지 최대 판도를 이룩했다.

로마제국은 기독교 공인 후 교황선출 문제를 둘러싼 갈등으로 서로마, 동로마로 분할됐으며, 이민족의 침략으로 쇠퇴기에 접어들었다. AD 476년 게르만족 용병대장 오도아케르에 의해 서로마제국은 멸망 후 여러 독립 국가로 갈라지고, 이후 프랑크왕국, 신성로마제국 등 로마의 후계자를 자처하는 여타 서유럽의 정치 세력들이 나타난다. 한편 동로마제국은 중세 시대까지 비잔티움제국으로 오랫동안 유지되었으나, AD 1453년 오스만튀르크에게 멸망한다.

로마의 역사를 크게 초기의 성장기(BC 800-BC 200), 번성기(BC 200-AD

200), 쇠퇴기(AD 200–AD 500)로 구분할 수 있는데, 이는 초기 성장기의 한랭했던 기후가 점점 따뜻해지면서, 로마 전성기에는 온난, 다습한 기후가 나타나고, 이후 다시 한랭, 건조한 기후로 바뀌는 패턴과 대체로 일치한다. 특히 로마의 영토가 최대에 달했던 트라야누스황제 시기에는 온난화도 최고조에 달했었다.

로마의 영토 확장 역사를 보면, 현재의 관점에서 조금 이해하기 어려운 점을 발견한다. 오늘날의 입장에서 보면, 북아프리카보다는 프랑스나 독일 같은 서유럽이 훨씬 비옥하고, 풍요로운 지역이다. 그 당시 프랑스나 독일에 강력한 국가가 있어 정복하기가 어려웠던 것도 아니다. 그럼에도 불구하고, 로마는 서유럽보다는 북아프리카를 우선적으로 정복하기 위하여 모든 국력을 집중하였다(그림 6–1). 로마정복의 전반기에는 카르타고와 싸운

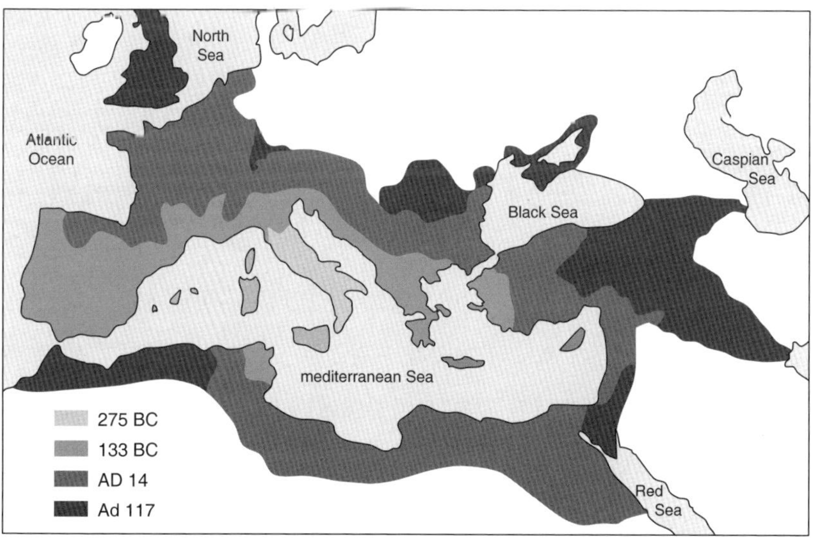

그림 6–1 고대 로마의 영토 확장

포에니전쟁(BC 264–146)을 포함 지중해 주변에 치우치던 제국의 확장이 후반기에 들어서면서 카이사르의 갈리아원정(BC 51) 등 점점 지중해 북쪽으로 방향을 바꾸게 된다. 그 이유는 아직 한랭하였던 로마시대 초기까지는 온난하고 강수량도 오늘날보다 많았던 북아프리카가 서유럽보다 더 가치가 있는 곡창지대였기 때문이다. 이후 기후가 점점 온난해짐에 따라, 로마인들은 영국, 프랑스와 같은 서유럽으로 눈길을 돌리게 되었을 것이다. 또 프랑스를 점령하기 위해서는 빙하에 덮인 알프스산맥을 넘어야 하는데, 초기에는 이것이 거의 불가능하였으나, 기후가 온난해짐에 따라 가능해졌다는 점도 영향을 끼쳤을 것이다.

한편, 로마의 북방한계선은 대체로 겨울 평균온도 0°C와 일치한다. 아마도 항상 따뜻한 햇살이 내리쬐는 지중해성 기후에서 살아오던 로마인들에게는 춥고, 음산한 북유럽의 게르만족의 영토는 그다지 끌리지 않았으리라 여겨진다. 초대 황제 아우구스투스의 시대에 바루스장군이 이끄는 로마군단이 라인강 동쪽으로 침략하였으나, 아르미니우스가 이끄는 게르만족 연맹에 토이토부르크숲의 전투에서 대패하였다. 로마군은 아르미니우스의 작전에 의해 숲속으로 유인된 뒤 갑자기 몰아닥친 천둥과 폭풍우에 혼란에 빠지며 매복했던 게르만군에 의해 무력하게 당했다. 숲속의 전투에서는 로마군의 강력한 무기도 소용이 없었다. 로마군들은 더 이상 라인강 동쪽으로 진군할 의지를 잃고, 이후 로마의 영토는 라인강 서쪽에 머물게 되었다.

로마의 확장과 함께 포도의 재배가 프랑스로 퍼지고, 더 나아가 멀리 북쪽 영국, 독일까지 퍼져나간 것도 로마시대이다. 그 당시 선진문화였던 로마문화를 상징했던 포도주는 정복지에서도 매우 환영을 받았다. 그러나 당시의 교통사정으로는 포도주의 수요를 이태리로부터의 운송 받는 양으로 만족시키기는 너무 어려워, 알프스 이북의 로마식민지 현지에서 포도를 생산하기 시작하였다. 당시 온화했던 기후는 포도생산지가 북쪽으로 확장되는데 매우 유리한 조건을 제공하였다. 나중에는 오히려 포도주의 생산이 과잉상태가 되어 1세기 후반 로마황제 도미티아누스는 칙령을 발표, 알프스 이북의 식민지에서는 포도주 생산을 금지시키기까지 하였다. 이 칙령은 기후가 다시 한랭해지던 AD 280년경에 폐지되었다. 한편, 기후가 온난해지면서, 지중해성기후의 북방 경계가 프랑스 북부까지 북상함으로써, 로마경제의 기반이 되었던 지중해성 농업이 크게 확장될 수 있어, 로마경제가 번성하는데 기여하였다. 반대로 4세기 이후 한랭, 건조화 되어 가던 기후로 인해 지중해성 기후의 북방경계가 다시 남하하게 되는데, 이는 로마 경제가 쇠약해지는 요인이 되었다.

비슷한 시기에 중국에서는 한나라가 안정된 제국을 장기간 유지하였다. 한(BC 206-AD 220)은 진(秦)나라 이후의 중국의 통일 왕조로써 섭정이었던 왕망(王莽)이 세운 신(新)나라(AD 8-23)에 의해 잠시 맥이 끊겼었으나, 위, 오, 촉 삼국으로 갈라질 때까지 약 400년을 지속하였다. 중국의 역사상 가장 오랫동안 번성했던 시기로, 그리스-로마 문명이 서양문명의 토대를 이루었듯이, 동양문명의 토대를 이루었다. 오늘날에 중국의 약 92%를 차지하는 민족인 한족(漢族), 그리고 중국의 문자인 한자(漢字) 역시 이 왕조의 이름에서 유래되었다. 한나라는 경제적으로도 크게 발전을 한 시대였으며, 주나라 때 처음 만들어진 화폐제도가 널리 활용되게 되었다. BC 119년 중앙 정부의 조폐국에 의해 발표된 화폐 제도는 당나라 때까지 유지되었다. 한나라는 유교를 교육과 정치에 도입했고, 유학자들을 중용하였다. 이런 정책은 AD 1911년 청나라가 멸망할 때까지 계속 되었다. 또한 한나라 시대에 과학과 기술 역시 큰 발전을 했는데, 종이 제작과 선박의 키 등이 이 시기에 발명되었다.

3 실크로드의 탄생

로마제국과 한나라라는 동서양 고대제국의 장기간에 걸친 번영 아래서 문물이 풍성하게 되고, 이동이 안전하고 용이하게 됨에 따라 장거리 교역이 번성할 수 있게 되었다. 그뿐만 아니라 온난, 다습한 기후의 덕택으로 중앙아시아의 강수량이 증가하여, 유목민의 생활이 향상되었으며, 특히 중계지점이었던 중앙아시아 각지에 오아시스 도시가 생겨나서, 수개월에 걸쳐 초원지대를 통과하는 대상들의 이동을 용이하게 해주었다(그림 6–2).

실크로드(Silk Road; 비단길)는 고대 중국과 서역 각국 간에 비단을 비롯한 여러 가지 무역을 하면서 정치·경제·문화를 이어 준 교통로의 총칭이다. 총 길이 6,400 ㎞에 달하는 실크로드라는 이름은 독일인 지리학자 리히트호펜(Richthofen)이 처음 사용했다('Seidenstraße'). 중국 중원(中原)지방에서 시작하여 하서회랑(河西回廊)을 가로질러 타클라마칸 사막의 남북 가장자리를 따라 파미르고원, 중앙아시아 초원, 이란 고원을 지나 지중해 동안과 북안에 이르는 길이다.

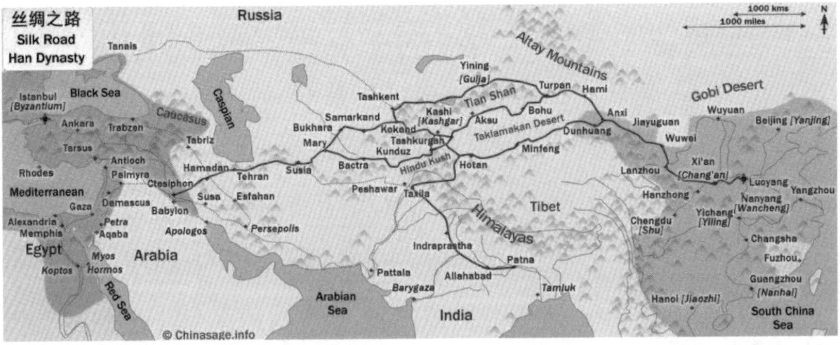

그림 6–2 실크로드

실크로드가 처음 열린 것은 전한(前漢: BC 206–AD 25) 때이다. 한무제(武帝)는 대월지(大月氏), 오손(烏孫)과 같은 나라와 연합하여 중국 북방 변경지대를 위협하고 있던 흉노를 제압하고 서아시아로 통하는 교통로를 확보하길 원해 BC 139년 장건(張騫)에게 그 임무를 맡긴다. 장건은 100여 명의 수행원을 데리고 장안을 떠났지만 얼마 가지 못해 흉노에게 붙잡히고 만다. 그는 그곳에서 약 10여 년 동안 흉노 여인을 얻어 아들까지 낳으며 긴 세월을 보내며 기회를 노리다가 탈출에 성공하여 BC 126년 장안으로 돌아왔다. 대월지와 동맹을 맺는 데는 실패했지만, 그의 경험과 자료가 워낙 중요하기 때문에 한무제는 그를 치하하고, 서역정복을 위해 중용하였다. 한무제는 BC 104년부터 101년까지 서역의 주변 국가들을 정복하고, 마침내 BC 60년에는 흉노마저 굴복시킴으로서 서역을 완전히 손에 넣게 되었다.

실크로드를 통해 중국에 기린, 사자와 같은 진귀한 동물과 호두(胡桃), 후추(胡椒), 호마(胡麻: 깨) 등이 전해졌고, 유리 만드는 기술도 전해졌다(胡는 서역에서 들어왔음을 의미한다). 중국에서는 비단, 칠기, 도자기 같은 물품과 양잠, 화약 기술, 제지 기술 등이 서역으로 건너갔는데, 특히 종이 만드는 기술이 서역으로 건너가서 중세 유럽의 암흑기를 밝혀 인쇄술 발달과 지식 보급에 원동력이 되었다. 실크로드는 상업적인 면뿐만 아니라 동서 문화의 교류라는 면에서 역사적으로 큰 의의를 지니고 있다. 많은 스님들이 경전을 구하러 실크로드를 따라 인도로 들어갔고, 인도의 승려들도 경전을 가지고 중국에 많이 들어왔다. 그러므로 중국 불교가 발전하게 된 데에는 인도와 중국을 연결해준 실크로드의 역할을 무시할 수 없다. 또 서방의 종교인 조로아스터교, 마니교, 그리고 기독교의 한 분파인 네스토리우스파(景教)가 중국에 전파된 것도 실크로드를 통해서다.

제7장

AD 300–AD 700: 한랭건조기 II – 혼란과 민족이동

1 기후의 악화

AD 300–700년경 또다시 한랭화와 극심한 한발의 기후가 나타났다. 이 시기에 북아프리카, 중동에서 곡창지대가 소멸하고, 중앙아시아 실크로드 상의 도시들이 버려지게 된다(그림 7–1). 카스피해의 수위가 낮아졌다는 기록도 있다. 한편 중국에서는 AD 309년 극심한 한발로 양자강, 황하를 발로 건널 수 있었다는 기록이 나타나고 있다. 특히 AD 535–536년경 극심한 한랭, 건조한 기후가 전 세계적으로 나타나고 있다. 수확을 못해 기근이 시작되고(아일랜드, 일본), 여름에 눈이 왔으며(중국), 태양이 일식처럼 희미한 상태가 계속되었다는(카르타고, 이태리) 기록들이 남아있다. 여러 가지 정황으로 보아 열대지방의 대규모 화산폭발이 그 원인으로 여겨지며, 최근 AD 536년 엘살바도르의 일로팡고(Ilopango) 화산의 폭발이 유력한 후보로 여겨지고 있다.[23,51,85] 그 당시 동로마제국의 역사학자였던 프로코피우스(Procopius)는 그의 저서에서 '반달전쟁'(Vandal War)에서 '불길한 전조와 같은 것이 발생했다. 그 뒤 1년간 태양은 밝게 빛나는 것을 멈추고, 달처럼 희미해졌다. 마치 일식이 온 것 같았다. 그 뒤 수많은 사람들이 전쟁과 역병으

그림 7-1 위구르 지역 자오허(交河) 유적지. 실크로드상에 있던 이 도시는 AD 200년경 번성하다, AD 1000년 이전 버려짐

로 죽어갔다'고 기술하고 있다. 이와 유사한 기술은 그 밖에도 많은 고문서에서 발견된다. 그 당시의 기후의 한랭화는 스칸디나비아, 미국 캘리포니아, 몽고 등의 나이테 기록에도 남아 있다. 최근 북중국의 나이테 자료로부터 분석된 고기후학자료를 보면 수십 년의 장기 가뭄이 3–5 세기에 반복적으로 나타났었던 것을 보여주고 있다.[14,84] 중국의 사서 남사(南史)와 북사(北史)에서도 AD 535–550년 사이에 가뭄과 냉해 등의 기상이변이 집중적으로 나타남을 보여주고 있다.[44]

2 유목민의 침입과 고대 제국의 붕괴

이 시기에도 고대문명이 붕괴되었던 BC 2000–500년의 한랭건조기 시기와 비슷하게 로마제국, 한나라로 대표되는 고대제국의 질서가 무너지고, 많은 혼란과 민족이동이 나타났다. 특히 BC 1500년경 중앙아시아 유목민이었던 아리안족이 주변 농경민족을 침략했듯이, 4세기 이후 유라시아의 여러 문명들은 아시아 내륙의 초원지대에 사는 유목민들에 대거 침략을 받아 무너지게 된다. 이와 관련하여 이 시기에 일어난 가장 중요한 사건은 중앙아시아 유목민인 훈(Hun)족의 유럽 침입(AD 370)과 흉노(匈奴)족의 중국 침입(AD 304)이다. 훈족은 유럽뿐만 아니라 인도에 침입하여 굽타왕조를 멸망시키고(AD 480), 페르시아의 사산왕조까지도 침입하였다(AD 484). AD 558년에는 중앙아시아 유목민인 아바르족(Avar)이 다시 한 번 유럽을 침략하게 된다.

그러면 왜 변방에 살던 유목민들이 갑자기 주변의 농경민족들을 대거 침입하기 시작하였을까? 건조기후대인 중앙아시아의 대초원지대는 강우량이 적어 농업에 부적합해 유목생활을 할 수밖에 없는 곳이다. 따라서 삶을 영위할 수 있는 한계조건에 가까운 기후에서 근근이 살아가는 유목민은 건조기후 등 기후변화로 유목 조건이 악화되면 더 이상 삶을 유지할 수 없게 되어, 목초지를 찾아 다른 지역으로 이주하거나, 주변의 농경지역으로 침략하는 수밖에 없었다. 한편, 아주 어려서부터 말타기에 능숙한 유목민들은 농경민족에 비해 전투력이 뛰어나, 농경민족을 침략하고, 약탈하는 것은 그들의 삶의 한 부분이었다. 참고로 우리가 낭만적으로 가을을 나타내는 표현인 천고마비(天高馬肥)도 사실은 추수의 계절이 오면, 이를 약탈하기 위해 북쪽 오랑캐들이 말을 살찌운 뒤 쳐들어온다는 것으로부터 유래하

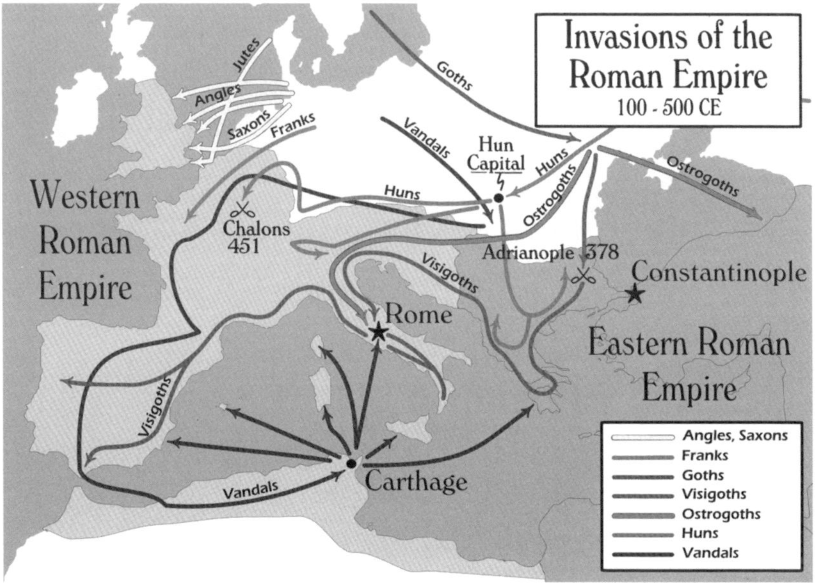

그림 7-2 민족대이동

였다. 따라서 기후가 건조해져서 초원지대에서 더 이상 유목생활을 유지할 수 없게 된 유목민들은 뛰어난 군사력을 이용해 기후변화의 영향을 덜 받는 주변 농경지역을 침략하게 되었다.

훈족과 흉노족의 침입은 고대국가의 질서를 근본적으로 뒤흔들어 놓게 된다. 훈족의 서진(西進)에 자극을 받아 게르만계의 여러 부족이 대규모로 로마제국의 영토 안으로 연쇄적으로 침략과 대이동을 거듭하여, 궁극적으로는 로마제국의 붕괴에 이르게 하게 되는데, 이를 민족대이동(Völkerwanderung)이라고 부른다. 일찍이 지리학자 헌팅턴(Huntington)은 저서 '아시아의 맥박'(Pulse of Asia)에서 중앙아시아의 건조화가 훈족의 서진을 유발한 것이라는 가설을 제시한 바 있다.[41] 한편, 중국에서는 한제국이 멸망하고, 이후 삼국시대를 거쳐 진나라에 의해 중국을 재통일한 뒤 얼마 안 있어, 북쪽으로부터 흉노족을 중심으로 한 오랑캐들이 대거 침입하여 100년 이상을 북중국에 5왕조 16국에 이르는 혼란을 되풀이하는 오호십육국(五胡十六國)시대를 가져왔다. 우리는 이 시기에 유라시아의 대부분의 농경민족들이 중앙아시아의 유목민들로부터 동시다발적으로 침략을 당하는 광경을 상상해볼 수 있겠다. 물론 그 당시 침략을 당하던 농경민족들은 유라시아대륙의 다른 쪽에서도 마찬가지로 유목민들에게 침략을 당하고 있으리라고 상상할 수는 없었겠지만.

훈족은 원래 중앙아시아에 살던 유목민으로 AD 370년경 볼가강에 도달하였으며, 아틸라(Atilla the Hun)의 지도 아래 AD 430년경 헝가리평원을 중심으로 한동안 광대했던 영토를 차지하였었다. 유사한 이름의 훈족과 흉노족은 원래 동일 민족이었다고 많은 학자들이 주장해 왔다. 이를 뒷받침하는 주장으로서 그 당시 사용되던 가마솥(cauldron)의 분포가 훈족과 흉노족의 거주지에서 동시에 나타나고 있으며, 2세기 중엽의 지리학자인 프톨레마이오스(Ptolemaios)가 작성한 지도에 훈의 거주 지역으로 표시된 지점들이 중국의 자료에 보이는 흉노의 지역과 상당 부분 일치한다는 등이 있다.[25,109] 그들의 언어도 공통적으로 몽고나 터키어 계통이었던 것으로 추측되고 있으며, 특히 최근 유전자연구는 흉노족과 훈족이 밀접하게 관련되어 있음을 보여주고 있다.[17]

AD 370년 훈족이 서고트족(Visigoth)을 침략하자, 서고트족은 AD 376년 전투력이 뛰어난 훈족과의 싸움을 피해 다뉴브강을 건너, 로마제국의 영토 안으로 들어왔다. 로마의 발렌스(Valens)황제는 처음에는 이들을 로마법을 따르고, 세금을 낸다는 조건하에 받아들였으나, 예상보다 훨씬 많은 수만 명의 서고트족이 밀려들어오면서, 전투를 벌이게 되었고, 발렌스황제는 이 전투에서 전사하게 된다. 뒤이어 AD 401년 알라릭 1세가 이끄는 서고트족은 로마시를 약탈하게 된다. 한편, 반달족은 로마 속주인 갈리아, 이스파니아, 북아프리카를 침략하고 AD 455년에 로마를 약탈했다. AD 476년 게르만 장군 오도아케르는 서로마의 마지막 황제 로물루스 아우구스툴루스를 폐위시켰다. 이로서 AD 395년에 동로마와 갈라진 서로마는 1200여 년의 역사를 뒤로하고 역사에서 사라져갔다. 민족대이동의 직접적인 원인은 훈족의 헝가리평원으로의 서진이었지만, 한편으로는 그 당시 한랭, 건조한 기후가 유럽을 엄습한 가운데 인구의 증가, 경지의 부족 등으로 어려움을 겪던 게르만족들이 자신들의 땅을 지키기 위해 끝까지 훈족과 싸우기보다는 보다 좋은 기후와 비옥한 땅을 찾아서 당시 방위력이 약화되었던 로마 제국으로 대거 침입한 측면도 있다. 이와 함께 중요한 사실은 로마가 게르만족에게 침략 당하기 전에 이미 로마는 불과 49년간(AD 193-235) 20여 명의 황제가 교체되는 등 정치적 혼란과 함께, 한랭화로 지중해성 농업지역의 축소, 곡창이었던 북아프리카의 건조화로 경제가 피폐되어 있었다는 점이다. 한편, 동로미제국은 서로마제국의 멸망 뒤에도, 거의 1000년을 더 유지되었다.

중국 후한(後漢)의 후기에 들어서며, 특히 AD 100-150년, AD 250-340년 동안 홍수와 한발이 빈발하였다. AD 144년 충제(沖帝) 이후 어린 황제들이 연속해서 즉위하고, 환관과 외척이 국정을 농단하는 가운데, 북방 선비족의 침략을 받아 많은 피해를 입고, 결정적으로 AD 182년 발생한 황건적의 난을 계기로 후한이 망한 뒤, 위(魏), 오(吳), 촉(蜀)의 삼국이 분립하고, 이후 긴 혼란의 시기가 온다. 중원을 두고 다투던 삼국은 어느 나라도 그 목적을 달성하지 못한 채, 위의 재상이었던 사마염에 의해 위의 왕권을 탈취하여, 진(晉)나라를 건국한 뒤, 삼국을 통일한다. 사마염은 통일된 천하를 보전하기 위해, 전국 각지를 자신의 자식이나 형제, 조카들에게 분봉

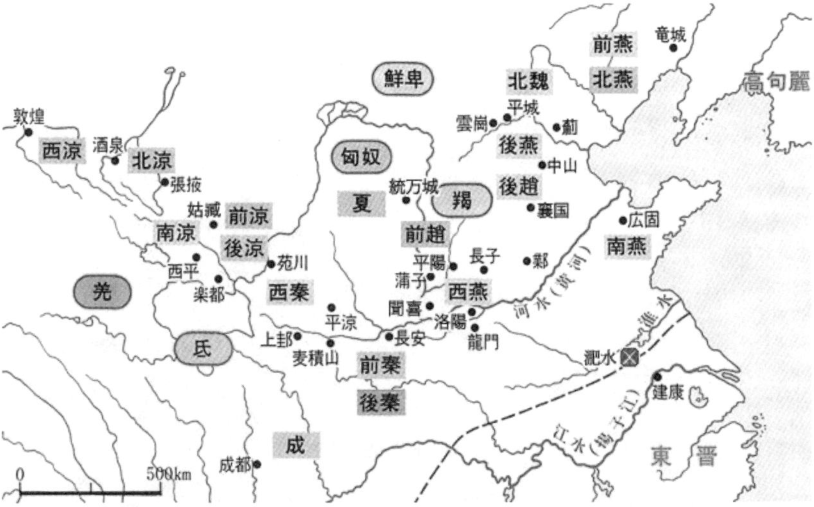

그림 7-3 오호십육국(五胡十六國) 시대

해주었다. 그러나 사마염의 뜻과는 달리, 각지 번왕들의 야심이 날이 갈수록 커져, 무려 16년에 걸쳐 서로 왕권을 다투는 골육상쟁의 큰 변란을 초래한다. 이를 팔왕(八王)의 난이라고 부른다. 팔왕의 난으로 국력이 쇠약해진 틈을 타 4세기부터 5세기 초에 걸쳐 중국 북부지역에 흉노(匈奴), 갈(羯), 저(氐), 강(羌), 선비(鮮卑)의 오호(五胡)가 잇달아 쳐들어와 여러 왕조들을 세웠으며, 이를 오호십육국이라 부른다(그림 7-3). 중원을 점령당하고, 남쪽으로 밀려 내려간 한족은 양자강 유역의 건업(建業, 지금의 南京)을 중심으로 단명한 왕조를 이어나갔다. 이후 오랑캐들이 침략해 만든 북조의 나라들과 남쪽으로 밀려 내려간 한족에 의한 남조의 나라들이 병립하던 시기를 남북조시대(南北朝時代; AD 420-589)라 부른다. 중국 역사상 최초로 한족 문화와 경제의 중심이 황하에서 양자강으로 이동한 시기이다. 북방이 호족과 계속되는 전쟁으로 시달린 반면에 남방은 풍부한 물산을 바탕으로 경제와 문화가 번영하였다. 한나라 때에는 현실질서를 중시하던 유교가 번성했던데 반해, 남북조시대에는 현실도피적 성격을 띤 불교, 도교 등이 번성하였다. 부패한 속세에 등을 돌리고, 죽림에 모여 거문고와 술을 즐기며 청담(淸談)으로 세월을 보낸 죽림칠현(竹林七賢)이 이 시절의 단면을 보여주는 인물들이다.

이 밖에도 이 시기에는 중앙아메리카의 테오티우아칸문명의 붕괴, 동로마제국의 역병창궐 및 쇠퇴(AD 541–542), 인도의 굽타왕조의 멸망, 페르시아의 사산왕조의 멸망, 터키족의 확장, 이슬람의 발흥 등 기존 질서가 뒤집히는 수많은 역사적 사건이 발생하였다. 우리나라에서 고구려, 백제, 신라 삼국이 각축을 벌이고, 야요인(弥生人)이라고 불리는 조선반도에서 일본으로 건너간 도래인(渡來人)들이 일본 최초의 문명을 일으키게 되는 시기이기도 하다. 한편 유럽에서는 민족대이동이 수습되고, 유럽의 정치적, 문화적 통일을 실현했던 프랑크왕국이 분열되면서, 지금의 프랑스, 독일, 이태리와 같은 국가가 탄생하였다(AD 843년 베르됭 조약, AD 870년 메르센 조약).

3 동로마제국의 쇠퇴와 이슬람의 확장

4세기에 훈족과 흉노족이 유럽과 동아시아를 뒤흔들어 놓은 지 약 200년 뒤인 6세기 중반 AD 536년에 폭발한 일로팡고화산에 의해 유발된 것으로 보이는 극심한 기후의 악화를 다시 한 번 겪게 된다. 중앙아시아로부터 극심한 가뭄을 피해 유럽으로 밀려들어온 아바르족은 당시 역병과 사산조 페르시아와의 전쟁으로 어려움을 겪던 동로마제국에 심각한 타격을 가했다. 로마제국의 부활을 꿈꾸던 유스티니아누스(Justinianus) 황제에 의해 동로마제국은 한때 이태리, 북아프리카, 스페인의 일부까지 영토를 크게 확장시켰으나, AD 536년 덮친 기후의 악화로 농사의 흉년에 의한 대기근을 겪게 되었을 뿐만 아니라, 대기근으로 주민들의 면역이 약해진 상태에서 아프리카 동부에서 발생했던 흑사병(또는 페스트)이 지중해를 넘어 유럽으로 전파되면서 대참사를 겪게 되었다(이 시기의 흑사병을 유수티니아스역병(Plague of Justinian)이라고 부르기도 한다). 동로마제국에서 AD 541년부터 AD 602년에 걸쳐 10회 이상 흑사병이 창궐하여 이 기간 동안 수도 콘스탄티노플은 인구가 40만 명으로부터 10만 명으로 격감하였다. 이로 인해 동로마제국은 인구가 크게 줄고, 심각한 재정난에 빠지게 되었다. 그럼에도 불구하고, 동로마제국은 장기간에 걸쳐 사산조 페르시아와 전쟁을 계속하였고, 이로 인해 두 나라 모두 국력이 쇠퇴하게 되었다. 이런 상황에서 아바르족은 거의 수도 콘스탄티노플까지 밀려들어와 동로마제국에 심각한 타격을 가했으며, 이후 동로마제국은 패권을 잃고 영토가 급격히 축소되었다.

동로마제국과 사산조 페르시아의 쇠퇴는 7세기 초반에 무함마드가 이슬람교를 창시하고, 무함마드의 사후, 후계자인 칼리프들이 성전(聖戰) 지하드를 일으켜 중동을 통일한 대제국인 사라센제국을 건립하는 데 있어서 매우 유리한 환경을 제공해 주었다. 가혹한 사막지대에서 살아가는 아랍인들에게 풍요로운 동로마제국과 페르시아는 선망의 땅이었으나, 강력한 제국이 존재하는 한 감히 넘볼 수 없는 땅이었다. 한편 한발이 계속된 아라비아반도는 AD 600년경 완전히 사막으로 바뀌며, 그나마 메소포타미아문명 이래 관개사업을 통해 유지되어 오던 농업을 포기하게 되었다. 이러한 절망적인 상황 아래서 무함마드(AD 570–632)는 이슬람교를 창시하고, 이를 바탕으로 아라비아반도를 통일하였다. 그의 사후 그의 후예들에 의해 동로마

그림 7-4 요르단의 페트라 유적지

제국과 사산조 페르시아가 쇠퇴한 틈을 타 중동 전체를 지배하는 사라센제국으로 발전하게 된다. 또 이렇게 열악한 기후환경 아래서 하루하루를 생존과 투쟁하던 아랍인들은 지도자에 대한 절대적인 복종을 필요로 하였으며, 이러한 사고방식이 이슬람교의 교리에 반영되었으리라 보인다. 사막 한가운데서 부족으로부터 버림받는 것은 바로 죽음을 의미하기 때문이다.

마찬가지로 중앙아시아의 계속되는 한발로 많은 실크로드 상의 도시들이 더 이상 유지할 수 없게 되어, 실크로드는 붕괴하게 된다(그림 7-1). 또 이로 인해 실크로드로부터 로마로 연결되는 무역로로서 번성했던 요르단의 고대도시 페트라도 급격히 쇠퇴하다가, AD 363, 551년의 지진의 발생과 함께 주민들은 떠나고, 버려지게 된다(그림 7-4). 그렇다고 실크로드는 그 이후 영원히 사라진 것은 아니고, 서역으로 크게 뻗어나갔던 당나라 시대, 그리고 13세기 유라시아를 통일했던 몽고제국 시절에는 다시 활발하게 교역이 이루어졌다. 그러나 15세기 이후 항해에 의한 교역이 활발해지면서, 실크로드는 점차적으로 그 역할이 줄어들게 되었다.

3 당과 발해의 전성기

AD 300–700년 동안 전 세계적으로 한랭, 건조한 기후가 지배했지만, 동아시아에서는 AD 650–750년 동안 상대적으로 온난한 기후가 나타났었다(그림 1-7 참조). 이는 당나라와 통일신라의 전성기에 해당한다. 특히 이 시기는 동아시아에서 역사상 가장 북쪽에 위치했던 국가인 발해(渤海; AD 698–926)가 존재했던 시기이기도 하다. 한때 농경 북방한계선인 하바로프스키 부근까지도 확장되었던 발해는 다시 기후가 한랭해지면서, 역병이 도래하고, 흉작으로 민심이 흉흉해지던 와중에 거란족의 침입을 받아 멸망하게 된다. 발해의 멸망이 백두산의 폭발과 관련 있다고 주장하는 사람들도 있다.[108]

제8장

AD 1000–AD 1200: 중세온난기

1 중세온난기의 기후

중세(AD 1000 – 1200)에는 온난한 기후를 유지하였다. 기후최적기보다는 덜 따뜻하지만, 온실효과에 의한 지구온난화의 영향을 받는 20세기 이후를 제외하면 기원후 가장 따뜻했던 시기이다. 우리는 이를 중세온난기이라 부른다. 노르웨이의 경작지가 100–200m 정도 더 고지대로 올라갔으며, 북위 70도에 이르는 노르웨이에서도 밀경작을 한 기록이 나타나고 있다. 카스피해의 수면이 지금보다도 높았다. 알프스의 수목생장고도가 2000m 이상으로 확장되었으며, 포도 경작지가 북독일, 스코틀랜드까지도 확장되었다. 중국에서도 13세기에 밀감류의 재배가 북쪽으로 확장되어, 그 북방한계선이 지금보다도 더 북쪽에 위치했던 것으로 기록되고 있다. 북해와 지중해의 해수면 고도도 AD 900–1300년 사이에 0.45–1m 상승되었던 것으로 확인되고 있다. 이 시기 이태리에서는 현재로서는 불필요한 매우 큰 다리가 건설되었으며, 벽이 얇고 창문이 큰 고딕 양식이 등장한 것도 이 시기이다.[50] 상드니 수도원(AD 1130, 프랑스), 노트르담 사원(AD 1159, 프랑스), 캔터베리 대성당(AD 1159, 영국), 웨스트민스터 사원(AD 1298, 영국), 쾰른 대성당(AD 1248, 독일) 등이 그 당시 세워진 주요한 고딕식 건물들이다. 상층대기에서 태양복사에 반응하는 동위원소들(Be^{14}, C^{14})의 지질학적 기록에 의하면 중세온난기에 태양복사가 증가했었을 가능성을 제시하고 있다.[54] 또 중세온난기 동안에는 화산활동이 상대적으로 적었던 시기이기도 하다.

중세의 기온은 AD 1931–1960년 평균온도보다도 1–2도 높았 것으로 추정되어 왔다.[50] 최근 연구에서 20세기의 온도 상승이 중세온난기의 온도 상승보다 더 크다는 주장도 나오고 있지만(그림 1–5),[59] 이후 많은 고기후학 분석을 통해 볼 때 서로 상반되는 결과들이 존재하고, 아직 중세온난기가 얼마나 온난했었는지에 관해서는 논란이 계속되고 있다. 인위적인 온실기체의 효과가 없었던 중세온난기에 지금보다도 더 큰 온도 상승이 있었다면, 현재의 지구온난화도 단순한 자연적인 기후변동의 하나라는 주장에 힘을 실어줄 수 있다.

AD 1200년 이후 중세가 끝나가는 무렵 점차적으로 한랭화되고 건조해졌다. 특히 AD 1315–1317년 동안 유럽 역사의 어느 시기에도 볼 수 없었던 추운 겨울과 많은 강우량을 기록하며, 소빙하기에 들어서게 된다. 중세온난기는 주로 유럽의 기후를 중심으로 명명되었으나, 최근 고기후자료 분석에 의하면 아시아와 북아메리카 등 북반구에서는 대체로 비슷한 온난한 기후를 나타냈었으며,[32] 남반구에서는 100–200년 정도 뒤늦게 나타났던 것으로 알려졌다.

2 온난화의 영향을 받은 중세 사회

기독교에 대한 절대적인 신앙이 지배했던 유럽의 중세는 르네상스 이후

서양사학자들에 의해 종종 중세암흑시대라는 이름으로 부정적으로 기술되어 왔으나, 실제로는 중세온난기는 로마온난기와 마찬가지로 장기간에 걸쳐 비교적 안정된 정치체제가 유지되고, 경제적인 번영을 누린 시기였다. 유럽은 종교적인 권위에 의한 질서가 무너지지 않고, 오랫동안 유지되었으며, 스코틀랜드, 스칸디나비아 등까지도 농지가 확장되어 농업생산량이 증가하고, 이에 따라 인구도 급증하였다. 유럽 전체의 추정인구가 AD 500년경에 2750만 명이었던 것이 한랭건조기후를 거치면서 AD 650년에는 1800만 명까지 줄었으나, AD 1000년경에는 3850만 명으로 증가하는 것으로 추정되고 있다.[81] 이후 AD 1340년경에는 7350만 명까지 증가하나, 소빙하기를 맞아 AD 1450년경에는 다시 5040만 명으로 감소한다. 중세 유럽에서는 온난한 기후의 덕뿐만 아니라, 개량된 철제농기구와 멍에를 찬 말을 활용한 심경(深耕)의 발달과 삼포제(三圃制)에 의한 토지의 효과적인 활용 등의 기술의 발전도 농업생산향상에 기여하였다. 향상된 경제력과 증가한 인구 덕택에 중세 동안 유럽에서는 수많은 교회와 수도원, 성이 세워졌다. 농경지를 만들기 위한 개간이 활발히 이루어져 AD 700년경 서유럽의 4/5가 삼림이었던 것이 AD 1200년경에 이르면 반 이하로 줄어들게 되었다.

나일강의 범람만 제대로 예측하면 큰 걱정 없이 농사를 지을 수 있었던 고대 이집트에서 파라오를 절대신으로 받들었던 것처럼 온난, 다습한 기후 아래 큰 걱정 없이 농사를 지으며 살아가던 중세의 백성들 역시 기독교라는 절대 신앙을 저항감 없이 따를 수 있었을 것이라고 생각된다. 한편 중세의 종교에 대한 맹신이 불러일으킨 중요한 역사적 사건으로 십자군전쟁을 들 수 있다. 십자군전쟁은 살아남기 위해, 또는 영토확장을 위해 불가피하게 충돌할 수밖에 없었던 다른 대부분의 전쟁들과는 달리 종교적 성지를 수복하기 위한 소위 성스러운 목적으로 시작한 종교전쟁이었다. 이러한 종교전쟁을 일으킬 수 있었던 배경에는 장기간에 걸쳐 유럽 자체가 비교적 정치경제적으로 안정되어 그러한 불필요한 전쟁을 할 여유가 있었기 때문이라고 이해할 수도 있다. 11세기에서 13세기 말에 걸쳐 성지 예루살렘을 탈환하기 위해 8회에 걸쳐 감행한 대원정인 십자군전쟁은 이슬람 세력에 대한 경계, 교권의 과시, 봉건영주의 영토 확장에 대한 욕망, 상인들의 경제적 이익에 대한 욕망 등이 신앙적 광기와 함께 어우러져 일으켰다. 그렇다 하더라도 만약 유럽 내부에 기근과 외적의 침입 등으로 혼란에 빠져 있었다면 십자군전쟁을 위한 군사동원이 불가능했을 것이다. 오랫동안 풍년이 지속되어, 곡식 생산량이 증가하여 군량미가 확보되어 있었으며, 농산물 축적에 따른 잉여노동력의 증가는 군사를 확보할 수 있게 해주었다. 대부분의 십자군원정은 실패로 끝났으며, 시간이 갈수록 예루살렘을 찾겠다는 본래의 목적은 잊고, 가는 곳마다 파괴와 약탈을 일삼았다. 오히려 전쟁을 위해 동원된 병사들이 이슬람문화를 포함한 여러 다른 문화들과 접하게 되면서, 중세 동안 절대적이었던 교권의 약화를 초래하게 된다. 이런 상황 아래서 AD 1310년 이후 계속 나타난 극심한 기후악화로 흉년과 대기근이 발생하고, 또 뒤이어 유럽 역사상 최대의 흑사병이 발생하여 봉건제도를 붕괴를 가져오게 되었다.

중국에서도 그 당시 송(宋)나라(AD 960- 1279)는 군사적으로는 어떤 중국의 왕조보다도 약했으나, 농업생산량의 증대, 수공업의 발전, 인구증가 등 경제적으로 번성하였다. 한편 몽고족이 주변 농경민족을 침입하여 유라시아에 걸치는 대제국을 건설하던 시기도 비교적 중앙아시아와 몽고에 강수량이 많았던 시기였다. 충만한 자원과 에너지를 바탕으로 칭기스칸이 AD 1205–1225년에 걸쳐 몽고제국을 건립하였다. 이전의 아리안족, 훈족/흉노족 등 중앙아시아의 유목민들이 주변 농경국가를 침입하던 시기의 한랭, 건조했던 기후와는 대조적이다. 몽고제국의 경우는 이전의 가혹한 기후로 인해 고향을 버리고 주변 농경국가를 침입해 들어왔던 아리안족이나 흉노/훈족 같은 중앙아시아 유목민족의 침입의 경우와 다르게 그들이 살고 있는 고향을 중심으로 대제국을 건설하였다는 점에 차이가 있다.

AD 1206년 몽고족을 통일한 칭기스칸은 AD 1211년 금(金)나라를 침략하고, 이후 실크로드의 거점이었던 사카르칸드, 부하라 등의 도시를 점령하였다. AD 1227년 칭기스칸이 죽은 뒤, 그의 후예들은 중국, 러시아, 중동에 걸치는 인류역사상 최대의 제국을 건설하였다. 나이테 자료에 의하면, 몽고제국 초기에는 심각한 가뭄이 발생했었으나, 칭기스탄이 정복활동을 본격적으로 시작했던 AD 1200년도 이후에는 지난 1000년 동안 가장 온난하고, 강수량이 많았던 시기였음을 보여주고 있다.[54] 원래 몽고족의 고향인 고비사막은 겨울에 영하 30도까지 내려가는 극심한 추위와 건조, 강풍 등의 가혹한 기후조건을 가지고 있다. 유목민의 군사력에 있어서 가장 중요한 것은 말이다. 좋은 기후 아래서 말이 좋은 영양 상태를 유지할 수 있으면, 군사력을 향상시키는데 크게 도움을 주었을 것이다. 반면 말의 사료를 구하기가 어려워지면, 몽고군의 침략은 크게 지장을 받았다. 따라서 로마제국이 추운 지역으로 영토를 확장하지 못했던 것처럼, 몽고는 말의 사료를 구하기 어려운 인도나 동남아시아와 같은 열대지방으로 영토를 확장할 수 없었다. 기후가 온난, 다습했던 시기에 동아시아로부터 동유럽에 이르는 광대한 통일 제국을 이루었던 몽고제국에서도 한나라 시대와 마찬가지로 동서양 간의 교역이 활발하게 이루어졌다. 특히 몽고제국에서는 말로 하루를 달릴 수 있는 거리마다 마필과 식량을 제공하는 역참제(驛站制)가 발달하여 장거리 교역을 하는데 많은 도움을 주었다. 마르코 폴로와 이븐

바투타와 같은 대여행가가 기록을 남긴 것도 이 시기이다.

중세온난기 동안 동남아시아에서도 계절풍의 강화에 따라 강수량이 증가하였다. 이 기간 동안 안정적으로 유지되는 충분한 강수량은 농업을 신장시켰으며, 이를 통해 이 지역에서 최초로 강력한 국가가 형성되기 위한 유리한 조건을 제공하였다. 앙코르와트 유적으로 유명한 캄보디아의 크메르왕국, 베트남의 대월(大越)왕국, 미얀마의 파간왕국 등이 이때 탄생하였다. 특히 크메르왕국은 현재 캄보디아 영토보다 훨씬 넓은 동남아시아의 최대 강국이었다. 당시 크메르왕국의 앙코르는 인구가 수십만 명의 대도시로 이곳에는 수많은 힌두교 사원이 건립되었다.

3 바이킹족의 그린란드 정착

중세온난기에 일어난 역사적 사건 중 가장 직접적으로 기후와 관련 있는 사건으로서 바이킹족의 그린란드 정착을 들 수 있다(그림 8-1). 노르웨이의 바이킹족은 8세기 말부터 활발하게 영국, 프랑스, 러시아 등 주변 국가들을 침략하였다. 바이킹족은 무시무시한 해적의 이미지로 알려져 있듯이 주로 약탈을 자행했지만, 때로는 정착하여 농사를 짓기도 하고, 교역에 종사하기도 하였다. 프랑스의 노르망디(Normandie) 지방도 바이킹의 후예인 노르만인에 의해 세워진 '노르만인의 땅'이라는 뜻이다. 바이킹족들의 고향인 노르웨이는 척박한 기후와 험준한 지형으로 농경에 적합한 토지는 전국토의 3%밖에 되지 않는다. 따라서 인구의 증가에 따라 적극적으로 해외로 진출할 필요성이 있었다. 특히 중세에 들어서 그들은 우수한 범선을 개발한데다, 중세온난기에 들어서면서 수온이 상승하고, 해빙이 없어져 항해

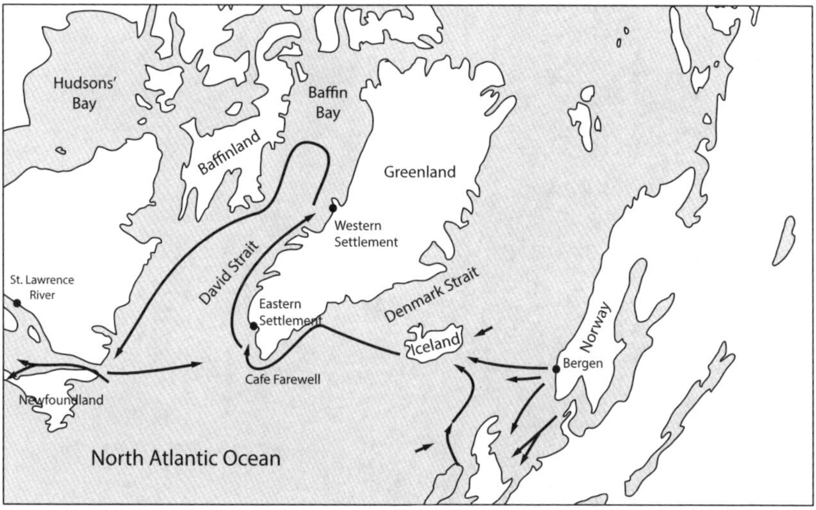

그림 8-1 바이킹족의 아이슬란드 및 그린란드 진출.[27]

가 용이해졌다. 기후가 점점 더 온난해짐에 따라 바이킹족들이 아이슬란드에 정착하게 되었다. 아이슬란드는 북위 64도라는 매우 높은 위도에도 불구하고, 멕시코만류 덕분에 상대적으로 온난한 기후를 유지하고 있다(II-1-6 참조).

AD 865년 빌가르드손이라는 노르웨이 농부가 아이슬란드에 정착을 시도하였으나, 추운 겨울로 가축을 잃고 포기한 적이 있다. 이때 농부는 섬을 버리고 돌아가면서, 얼음의 섬(Iceland)라는 끔찍한 이름을 붙였다고 한다. 그러나 9년 뒤 다른 농부들이 정착에 성공하여, 이후 AD 930년까지 6만 명이 정착하였다. 이 고위도의 북대서양에 위치해있는 섬에는 중세온난기가 유럽 대륙보다 좀 더 일찍 도착한 것으로 보인다. 아이슬란드는 당시 온난한 기후로 인해, 삼림, 어업, 농업 등에 적합하였으며, 봉건영주의 속박에서 벗어나 자유롭게 살 수 있는 장점이 있었다.

그림 8-2 그린란드 흐발시(Hvalsey)에 남겨진 바이킹족 교회의 유적

이후 아이슬란드에서는 난파되어 떠내려가던 중 그린란드를 보았다는 선원들의 이야기가 전해져 왔다. 당시 아이슬란드에서 32살의 청년이었던 에릭슨(Erikson)은 폭행사건을 일으켜, 아이슬란드로부터 추방령을 받고, 이를 피해 섬 북부에 숨어 있던 중 난파되어 그린란드를 보았다는 선원들의 이야기를 들을 수 있었다. 이에 어차피 배를 타고 어딘가로 도망칠 생각이었던 에릭슨은 일행을 모아 항해에 나서 그린란드의 남단을 발견하였다. 그린란드에서 두 해의 겨울을 보낸 뒤, AD 986년에 아이슬란드로 돌아와 정착지원자들을 모집하여, 25척의 배에 정착자들과 함께 곡식 종자, 가축 등을 이끌고 그린란드에 진출하여, 정착하였다. 푸른 섬(Greenland)은 정착민을 모집하기 위해 꾸며낸 이름이지만, 그래도 그 당시 온난한 기후 덕분에 그린란드에서도 농사를 지을 수가 있었다. 그 당시에는 아이슬란드와 그린란드 사이에 해빙이 거의 없었으며, 20세기 말까지도 영구동토였던

그린란드에 땅을 파고 매장을 했던 흔적이 남아있다. 에릭슨은 두 군데의 정착지를 건설하였다. 그린란드섬의 남쪽 끝에 위치해 있는 동쪽 정착지는 그 자신의 농장을 만들어, 섬의 중심이 되었다. 최근 발굴에 의하면 450채 정도의 농가가 있었던 것으로 추정된다. 또 하나의 서쪽의 정착지는 더 북쪽으로 북미대륙에 가까이 위치해 있었다. 그 당시 노르웨이와 이 두 정착지 사이에는 정기적인 항로가 있었다. 심지어 로마교황은 여기에 주교를 배속하기도 하였다. 그린란드에는 원주민인 이누이트족도 살고 있었으나, 바이킹족은 그들과 정착지도 다르고 따로 살았었다.

에릭슨의 아들은 이후 더 나아가 캐나다의 뉴펀들랜드까지도 진출하였으며, 이를 포도의 땅(Vinland)라고 명명하였다. 이 흔적은 1960년대에 발견되었다(L'Anse aux Meadows). 역사적으로 안타까운 사실은 바이킹족들이 조금만 더 남하하였더라면, 미국 동부의 온화하고 풍요로운 땅에 도달할 수 있었다는 점이다. 그렇게 되었더라면, 바이킹족은 소빙하기를 맞아 굶어주기는커녕, 현재 미국이라는 사상 최대 강국의 주인이 되어 있을지도 모른다. 그 당시 바이킹족들은 유럽 본토로부터 너무 멀리 떨어지는 것을 꺼렸고, 또 대항해에 필요한 인력이나 식량공급라인이 부족하였다. 그렇다고 하더라도 중세온난기가 조금 더 오래 지속되었다면, 바이킹족은 언젠가는 미국 동부에 도달할 수 있었을 것이다. 그러나 14세기부터 시작된 소빙하기로 말미암아 그린란드의 바이킹족들은 더 이상 살아남지 못하고 전멸하게 된다.

4 마야문명, 아나사지문명의 붕괴

중세온난기가 들어서기 조금 전인 9세기경엔 중앙아메리카, 남부 유럽, 서아시아, 중국 등 여러 다른 지역에서는 극심한 가뭄이 나타나, 이는 마야문명, 아나사지문명 등과 같은 문명이 붕괴되는 요인이 되기도 하였다. 나일강은 AD 300–900년 동안 가뭄이 거의 보고되지 않았으나, AD 950–1072년 동안에는 나일강의 수위가 너무 낮아 범람을 이용해 농사를 지을 수 없던 해가 이전에 비해 10배 이상 자주 나타났다. 가뭄과 이에 따른 기근은 당시 이집트의 파티마왕조를 붕괴시키는 계기가 된다. 한편, 당(唐)나라는 거듭되는 흉년과 안사(安史)의 난(AD 755–763)과 황소(黃巢)의 난(AD 875–884)을 거치며 멸망하였다(AD 907). 지질학적 기록을 보면 중국에서 AD 850–940년간 전반적으로 계절풍이 약해지며, 강수량의 감소를 보였다.[54] AD 250–900년 동안 중앙아메리카에서 번성했던 마야문명이 극심한 가뭄을 극복하지 못하고 붕괴했던 것도 이 시기이다.

마야문명은 그 뒤 스페인 정복자들에게 정복당했던 아즈텍, 잉카문명과는 달리, 스페인 정복자들이 왔을 때에는 이미 거의 붕괴되어, 티칼, 팔렝케, 치첸이차 등의 유적에서 볼 수 있는 거대한 건축물들은 버려진 채 정글로 뒤덮여 있고, 그 후손들은 다시 열대 정글에서 옥수수나 재배하면서 지내는 원시적인 생활로 돌아가 있었다(그림 8–3). 이 지역에는 정착생활을 본격적으로 시작하던 BC 900년경 이후 열대우림이 초원으로 서서히 바뀌어갔던 것이 AD 900년 무렵 이후 다시 열대우림으로 바뀌어 간 지질학적 기록이 나타나고 있다.[50] 석조 기념물의 건조가 AD 800년경 이후 급격하게 감소해, AD 900년경 이후에는 더 이상 건조되지 않았다.[89] 마야문명이 번성하던 시기는 AD 250–900년 동안으로 이를 마야문명의 고전시대

그림 8-3 과테말라 정글에 남아있는 마야유적지

(Classic Period)라 부른다.

마야문명 붕괴에 대해서는 환경파괴, 전쟁, 무역로의 차단, 역병 등 여러 설이 제시된 바 있으나, 최근 이 지역 호수로부터 얻은 퇴적물을 분석하여, AD 550–750년 동안은 강수량이 매우 풍부하였으나, AD 800–1000년 동안 극심한 가뭄이 여러 차례 덮쳤었으며, 그렇지 않은 경우도 평균 강수량이 평년에 미치지 못하였음을 밝혀진 바 있다(그림 8–4).[35,37,63] 이는 강수를 가져오는 계절풍이 남쪽으로 이동함에 따른 것으로 추정된다. 현재 이러한 극심한 가뭄이 문명붕괴의 가장 중요한 요인이었음이 인정되고 있다.

마야문명은 고고학적 조사에 의하면 지하수가 적게 매장되어 있는 지역부터 차례로 붕괴되었음을 보여주어, 물 부족이 붕괴의 중요한 원인이었음을 제시하고 있다. 또 북부 유카탄반도의 평야지대보다 남부 과테말라의 고산지대에서 먼저 붕괴하기 시작하였는데(북부 유카탄반도 지역은 고전시대 이

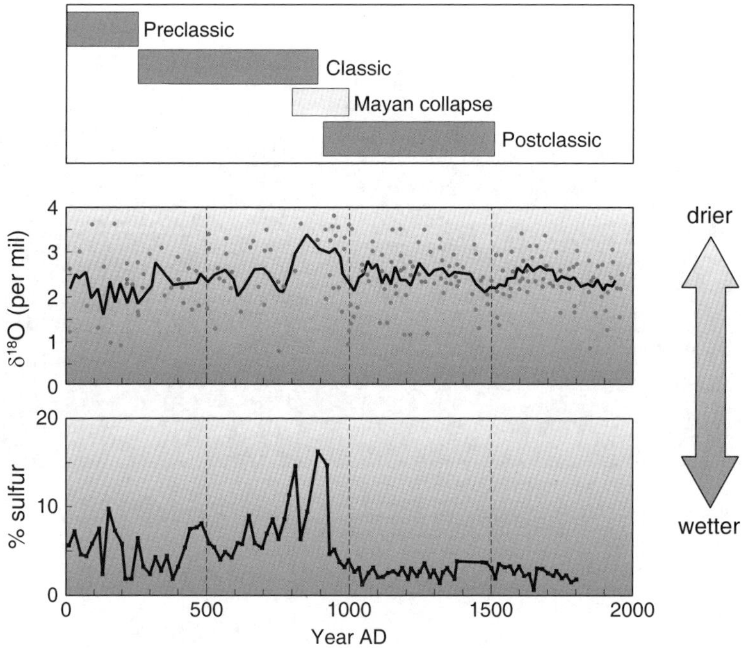

그림 8-4 유카탄반도 퇴적물의 황과 산소 동위원소로부터 재분석된 강수-증발 균형의 변화.[38] 마야 문명이 붕괴하던 AD 800년경 기후가 급격히 건조해짐을 보여주고 있다.

후로도 한동안 번영하였다.), 남부고산지대는 건기가 더 길고, 강수 외에는 다른 수원이 거의 없었으므로, 가뭄에 더 취약하다는 사실과 관련이 있는 것으로 보인다. 화전농법에 의존하던 마야문명은 인구가 증가함에 따라 벌목과 토양의 황폐화 등 환경파괴가 심각하게 이루어지고, 부족한 농산물을 둘러싼 마야족 간의 전쟁으로 인해 마야문명은 가뭄을 극복할 수 없을 정도로 매우 취약한 상태에 놓여있었을 것이라고 추정되고 있다. 특히 마야문명은 구대륙의 고대문명과는 달리 대규모의 관개사업보다는 저수지에 강수를 보관하는 방법에 주로 의존하였으므로, 가뭄을 극복하기가 어려웠다. 마야 지역은 석회암 지대에 자리 잡고 있는데, 석회암은 수분을 거의 보존하지 못한다. 마야인들은 저수지를 만들어 물 문제를 해결했지만, 가뭄이 계속해서 닥치면, 대책이 없었다. 뿐만 아니라 마야문명은 대규모의 관개사업에 의한 물 공급이 없고, 노동력을 제공하는 가축이 없는 농업으로 유지하기에는 매우 인구밀도가 높았던 것으로 추정된다. 전성기의 마야는 5000-50000명의 인구를 갖는 도시가 40개에 이르렀으며, 총인구는 2백만 명에 이르렀다.

신대륙에서 가뭄에 의해 문명이 붕괴한 또 한 가지의 사례로 아나사지(Anasazi)문명을 들 수 있다. 아나사지문명은 AD 600-1300년 동안 미국 서남부의 건조지역, 즉 애리조나, 뉴멕시코, 유타, 콜로라도 접경 지역에 번성했던 문명으로서, 아직 본격적으로 고대문명으로 발달하기 이전의 초기 단계로서, 수렵채취와 함께 옥수수 등 농경이 이루어지고 있었으며, 특히

그림 8-5 아나사지 유적지(Mesa Verde National Park)

절벽에 돌과 진흙으로 건물을 짓고 살았던 흔적들이 유적으로 남아 있다(그림 8-5). 건조한 이 지역에서 살아남기 위해서 범람원, 지하수 등을 이용하는 관개기술이 잘 발달하였다. 그러나 아나사지문명은 AD 1300년경 홀연히 사라져 버렸다. 아마도 붕괴되었다기보다는 살기 어려워져 다른 곳으로 떠난 것으로 보인다. 네바다주의 나이테 기록을 보면, 첫 번째 AD 450-680 년, 그리고 두 번째 AD 880-1280년 동안 건기가 나타난다. 물부족으로 농산물 생산이 더욱 급감하자 이주할 수밖에 없었을 것이다. 아나사지 유적지에는 식인(食人)의 흔적이 남아있는 것으로 보아, 대가뭄 시기의 마지막에는 극심한 식량부족을 겪었던 것으로 보인다.

제9장

AD 1300–AD 1900: 소빙하기

1 소빙하기의 기후

근대문명이 탄생하는 AD 1300–1900년 동안에는 한랭, 다습한 기후가 지배적이었다. 특히 AD 1600–1900년 동안은 가장 추운 시기로서 평균온도가 현재보다 약 1도 낮았으며, 이 시기를 소빙하기(Little Ice Age)라 부른다. 더 그게 AD 1300–1900년 전 기간을 통틀어 소빙하기라고 부르기도 한다.[6,27,103] 14세기에 들어서면서, 기후가 악화되어, 특히 AD 1315–1317년 동안 계속된 추운 겨울과 지속적인 비는 대기근을 불러일으켰다. 그러나 15세기 이후 16세기 초반까지는 한랭한 기후가 완화되었다가, AD 1600년경부터 본격적으로 한랭한 기후가 시작되었다. 특히, AD 1600년,

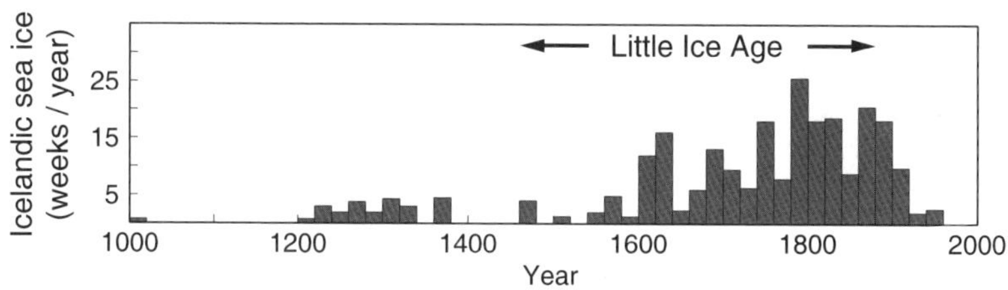

그림 9–1 아이슬란드에서 관측된 해빙의 빈도.[50,80]

AD 1800년경에 가장 한랭한 기후가 나타났다. 이와 같은 기후의 변화는 아이슬란드 주변에 나타난 해빙의 빈도에 잘 나타나 있다(그림 9-1). 이 무렵 아이슬란드에서는 항구 한 곳을 제외하고는 전부 빙하로 둘러싸였었다고 한다. 또 기후조건에 크게 영향을 받는 곡물의 생산으로 인해, 유럽각국의 곡물가의 연변동과 소빙하기의 기후변화와 상관성 있는 패턴을 보여주고 있다(그림 9-2).[3] 그림 9-2는 소빙하기 중에서도 특히 중세 말기 기후가 악화되었던 AD 1300년경, 본격적으로 소빙하기에 들어서던 AD 1600년 이후, 그리고 프랑스혁명이 발생하였던 AD 1800년경 곡물가가 상

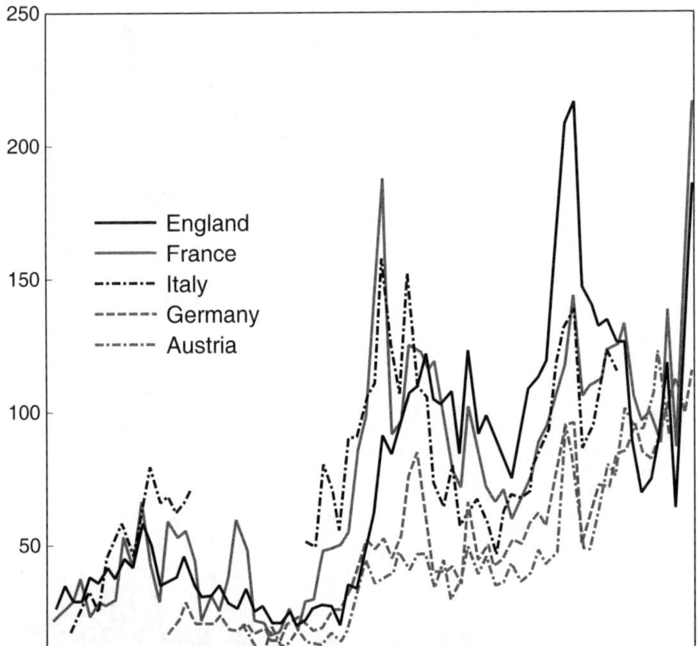

그림 9-2 소빙하기동안 유럽각국의 곡물가의 변동.[3,29]

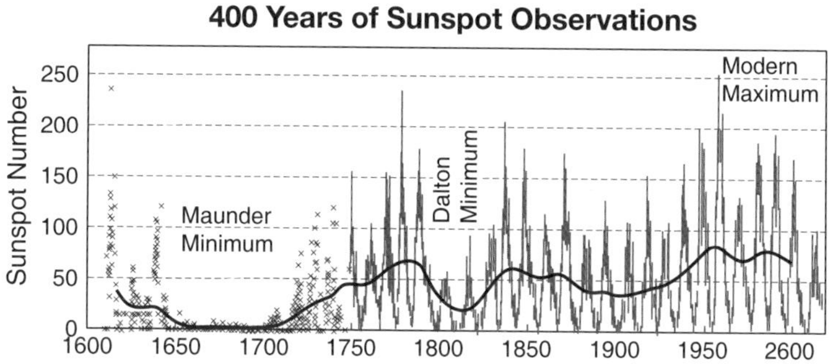

그림 9-3 지난 400년 동안의 태양흑점수의 변동

승했음을 보여주고 있다.

흥미로운 점은 소빙하기 중에서도 가장 추웠던 시기가 태양의 흑점이 가장 적었던 시기와 일치한다는 사실이다. 즉 태양흑점수가 최소였던 마운더최소기(Maunder Minimum, AD 1645–1715)와 돌턴최소기(Dalton Minimum, AD 1770–1830)는 대체로 소빙하기의 절성기에 해당하는 시기와 일치한다(그림 9-3). 이로 인해 태양의 흑점이 지구 기후에 영향을 미친다고 주장하는 학자들도 있다. 소빙하기의 원인으로서는 이 밖에도 사연적인 기후변동성인 북대서양진동(NAO)의 변화, 화산의 폭발 등이 지적되고 있다. AD 1816년 폭발한 초대형 화산 탐보라(Tambora)를 포함 소빙하기 동안 중세온난기와 비교하여, 기온 하강을 유발하는 화산의 폭발이 더 빈번하였다(II-2-2, 3 참조).

한편, 이전의 한랭기(BC 2000–500, AD 300–700)가 전반적으로 한랭, 건조한 시기였음에 반해, 소빙하기는 비가 많이 오는 한랭, 습윤한 기후였다. 소빙하기는 한랭했을 뿐만 아니라, 폭풍과 해일을 동반하는 습한 기후가 많이 나타났다(그림 9-4). 예를 들면, 북해의 폭풍우는 400%나 증가하고,

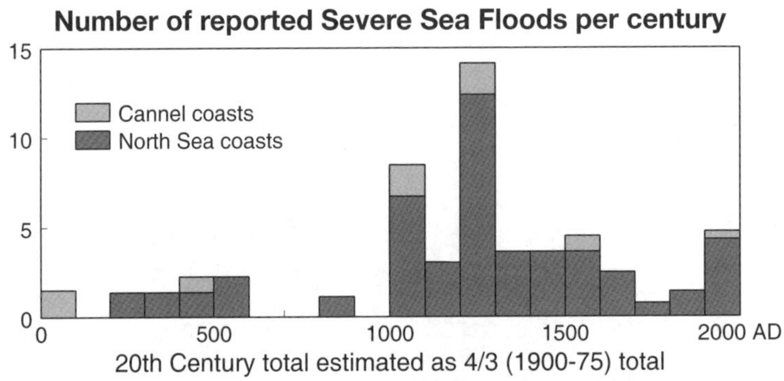

그림 9-4 세기별 북해와 영국해협에서 발생한 강력한 폭풍우의 빈도.[50]

그림 9-5 템스강의 겨울 축제(River Thames frost fairs)

따라서 북해연안의 많은 도시들이 사라졌다. 습한 여름 날씨로 농업이 흉작인 해가 잦았으며, 또 습한 기후는 흑사병과 같은 역병을 쉽게 퍼지게 하였다. 소빙하기의 습윤했던 기후를 상징하는 역사적 사건으로 AD 1588년 북해에서 영국과 해전 중 전례 없는 폭풍우를 만나 전멸하게 되는 스페인 무적함대(Armada)의 예를 들 수 있다.

그린란드 항로의 빙하는 AD 1200년 이후 나타나기 시작, 이후 소빙하기 동안 항상 존재하였다. AD 1369년 이후는 북해의 결빙으로 인해 유럽과 그린란드 사이의 정기항로가 끊어지게 되었다. 영국과 네덜란드의 강과 운하는 겨울 동안 두껍게 결빙되어 겨울엔 스케이트 시합과 빙상축제를 열었다(그림 9-5). 영국의 템스강이 처음 결빙된 해는 AD 1607년이고 마지막으로 결빙된 해는 AD 1804년이다. 17세기 중반에는 알프스의 빙하가 농지로 침투하여 농업을 포기하여야만 하였다. 그림 9-6은 AD 1850년과 현

그림 9-6 알프스빙하(Rhonegletscher)의 AD 1850년과 현재의 차이

그림 9-7 브뤼겔이 그린 1565년 벨기에 플레미쉬 지방의 겨울 풍경

재의 알프스의 빙하의 차이를 보여주고 있다. 한편, 아이슬란드 주위는 빙하로 덮여 인구는 반으로 줄고, 어업을 포기해야만 하였다. 중세 동안 영국, 독일로 확장되었던 포도 농업이 다시 포기되었으며, 건축 양식은 고딕 양식에서 벽이 두껍고, 창문이 작은 바로크 양식으로 바뀌었다. 그 당시 그려진 그림을 보면, 지금은 온화한 서유럽에서 추운 한겨울의 풍경을 보여주고 있다. 특히 유명한 것은 벨기에의 화가 브뤼겔(Brueghel)이 AD 1565년에 그린 '눈 속의 사냥꾼(The Hunters in the Snow)'이라는 그림이다(그림 9-7). 벨기에는 현재는 좀처럼 영하로 내려가지 않는 온난한 기후를 보여주고 있다.

그러면 소빙하기는 유럽에서만 나타난 것인가? 최근 국제 고기후 복원

프로젝트(PAGES)에 의한 각 대륙의 지난 2000년 동안의 기후변화는 소빙하기는 유럽뿐만 아니라, 전 지구적으로 발생하였음을 보여주고 있다. 한편, 남반구에서는 AD 1300년대 초반의 기후 악화는 나타나지 않고, 따라서 소빙하기가 북반구보다 더 늦게 AD 1400년경부터 나타났다.

소빙하기의 개념은 13세기부터 19세기까지 알프스, 스칸디나비아, 북아메리카 등의 빙하가 중세 이후 확장된 것에 대한 분석 결과를 바탕으로 미국의 빙하학자인 매티스(Matthes)에 의해 처음 명명되었다.[62] 이 개념을 스웨덴의 경제학자인 우터슈트룀(Utterström)이 16-17 세기 스칸디나비아의 경제적 쇠퇴를 설명하기 위하여 도입하였다.[92] 이는 최초로 자연환경 변화로 사회현상을 설명하려는 시도 중의 하나였다. 이후 처음에는 회의적이던 프랑스의 사학자 르로이 라뒤리에(Le Roy Ladurie)가 우터슈트룀의 이론을 반박하기 위한 연구로 포도수확기록 분석을 하던 중 오히려 소빙하기의 존재를 확인하고 스스로 소빙하기에 대해 널리 알리게 되었다.[52]

2 14세기 중세의 종언

중세동안의 온난했던 기후가 끝나고, AD 1200년경 이후 온도가 낮아지기 시작했다. AD 1200년 이후 그린란드 항로에 빙하가 나타나기 시작하였으며, 북해에 폭풍이 급격하게 증가하였다. 13세기 북해의 폭풍우는 독일, 네덜란드 등의 북해 연안에 10만 명에 이르는 익사자가 발생하였다.

AD 1304, 1305, 1310년에 흉년이 계속된 뒤 AD 1315년에는 유럽 전체에 대기근을 몰아오는 대흉작이 닥쳤다. 4월 하순의 부활절부터 한여름까지 비 오는 날이 계속되어 저온과 일조 부족으로 곡식이 제대로 익을 수가 없었다. 곡식을 말리기 위해 창고로 가지고 들어와야 할 정도였으며, 가축들의 사료로 사용될 건초가 없어졌다. 영국에서 곡물가는 두 배로 뛰었다. 당시 고기를 보존할 수 있던 유일한 방법은 소금으로 절이는 것이었는데, 계속되는 비 오는 날씨로 소금을 구할 수가 없었다. AD 1315년부터 수년 동안 유럽의 곡물 생산량은 3분의 2로 감소하고, 또 습윤한 기후로 인해 90%에 가까운 가축들이 역병에 의해 몰살되었다. 이로 인해 AD 1315－1322 년에 걸쳐 유럽에서 150만 이상의 아사자가 발생하였다는 기록이 있다. 이는 유럽 역사상 유례를 찾아볼 수 없는 대기근이었다. 이 무렵 기근에 못 견뎌, 자식을 버리는 일이 종종 발생했었다. 그림(Grimm) 동화의 부모가 자식을 버리는 '헨젤과 그레텔' 이야기도 이 시기에 만들어진 동화이다. 한편, 중세동안 급격한 인구증가와 종교가 지배하던 시대의 비효율적인 정부는 기후악화에 대한 대응을 매우 취약하게 하였다. 불가항력적으로 계속되는 자연재해와 그에 따른 고통은 중세 동안 신에 절대적으로 의존하고 살아왔던 방식에 회의를 가져오게 하였다.[13,78]

이후 간신히 농업생산량을 회복하려는 즈음 AD 1347년에는 AD 541－602 년 동안 동로마제국을 초토화시켰던 흑사병이 더 큰 규모로 또 다시 크게 퍼져나갔다. 14세기 흑사병의 원조는 중국이었다. AD 1332년 황하에서 700만 명이 익사하는 큰 홍수가 발생하면서 AD 1334년 호북성에서 흑사병이 발생된 뒤 크림반도를 거쳐 전 유럽에 퍼져나갔다. 당시는 몽고제국의 영향 아래 동서교역이 활발하던 시기이다. 흑사병은 AD 1347년 무렵 크림반도를 떠나 제노바로 입항한 배를 통해 유럽에 전파되었다는 것이 일반적인 설이다. 그때부터 순식간에 퍼져 나간 흑사병은 불과 수년만에 시칠리아, 이태리, 스페인, 영국과 프랑스, 유럽 중부의 오스트리아, 스위스, 독일을 거쳐 벨기에, 네덜란드로, 그리고 3년이 채 안 되어 스칸디나

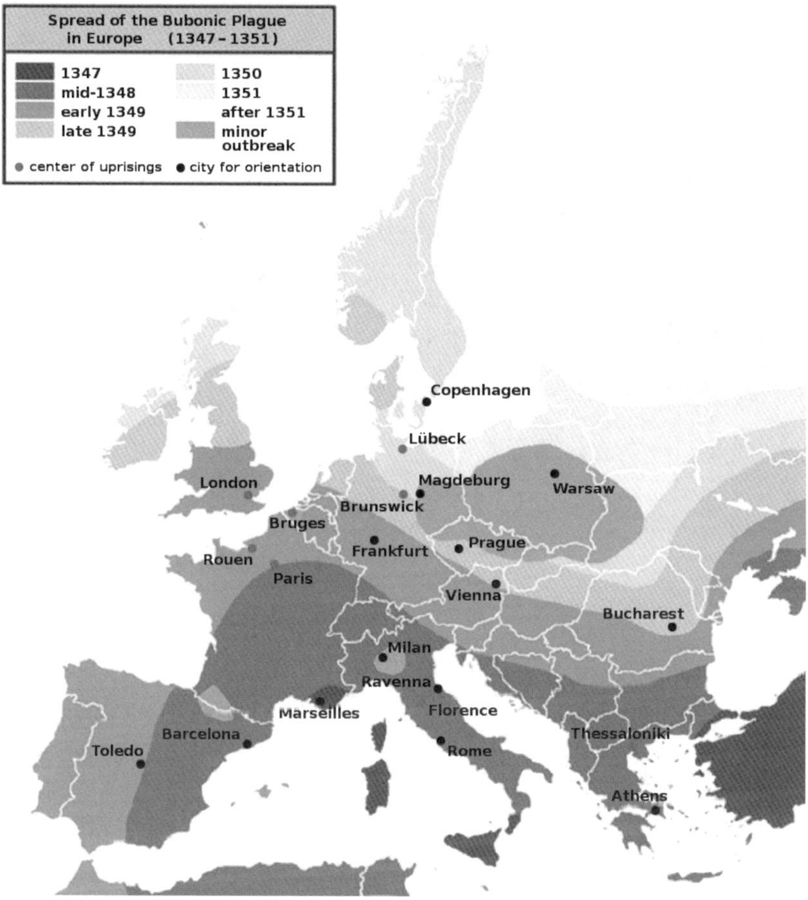

그림 9-8 흑사병의 전파

비아 국가에까지 이르렀다(그림 9-8). AD 1315-1317년 동안 계속된 추운 겨울과 지속적인 비는 대기근을 불러일으켜, 가축을 대부분 잡아먹었다. 대기근 이후에도 수십 년 동안 유럽은 한랭, 습윤한 상태가 자주 나타나 주민들은 영양 상태와 위생 상태가 안 좋아 면역력이 떨어져 있어 질병에 걸리기 쉬운 상태에 있었다. 이런 와중에 유럽으로 건너온 흑사병은 걷잡을 수없이 퍼져 나간 것이다. 대기근으로 떠돌아다니는 난민들이 많이 발생하였는데, 이 또한 역병이 크게 퍼져나가기 쉬운 환경을 만들어 주었다.

흑사병균은 벼룩이 쥐를 숙주로 삼아 퍼뜨리는 병균이다. 벼룩에 물려 흑사병에 감염되면 이틀에서 열흘 내로 머리가 아프고, 심한 열이 나고, 목과 겨드랑이와 사타구니의 림프절이 부어 생기는 멍울인 가래톳이 나타난다. 또 기침을 심하게 하고 피를 토하기도 한다. 환자들의 얼굴과 손발의 피부가 검은색으로 변하기 때문에 흑사병(검은 죽음을 몰고 오는 병이라는 뜻)이라고 불린다. 흑사병은 쥐벼룩 외에 인간을 통해서도 전염되었기 때문에 도시에서 더욱 위력을 발휘했고, 그 가운데서도 많은 사람들이 서로를 믿으면서 공동체 생활을 하는 수도원에서 가장 큰 희생자를 냈다. 그 무렵 기록에 따르면, 전 유럽 인구의 1/4 내지 1/3이 사망했다. 숫자로는 2500만에서 6000만 명에 이르는 유럽인이 이 병으로 사망한 것으로 알려져 있다. 서유럽의 인구는 16세기가 되어서야 흑사병 창궐 이전 수준으로 회복한 것으로 보인다.

당시 병의 원인이 무엇인지, 어떻게 전염되는지에 대해 과학적으로 알지 못했던 사람들은 엉뚱한 치료법에 매달리거나 사람이 없는 외딴 곳으로 도망치는 게 전부였다. 어떤 사람들은 흑사병이 신이 내린 천벌이라고 생각해서 속죄의 의미로 자신의 몸에 채찍질을 하거나 기도를 드리기도 했다. 심지어는 흑사병이 세계의 종말을 알리는 신이 내린 징표로 받아들여 초기에는 종교가 더욱 강해지는 결과를 가져오기도 하였다. 하지만 이 모든 것들이 전혀 효과가 없었기 때문에 사람들은 큰 혼란에 빠졌다. 흑사병은 공기를 통해 전염되므로 교회에 모여 신에게 기도하는 과정은 오히려 병이 더욱 널리 퍼져나가게 만들 뿐이었다. 사람들은 점차적으로 더 이상 신이 자신들을 지켜 주지 못한다는 것을 깨닫게 되었다. 한편, 공포에 질린 인간들은 집시와 유대인들이 흑사병을 몰고 왔다고 탓하며 이들을 고문하거나 학살하기도 했다.

간절한 기도에도 불구하고 계속되는 흑사병은 신에 대한 인간의 확신을 약하게 만들었다. 한편, 역병과의 투쟁을 하고 또 이를 극복하는 동안 인간들은 신보다는 인간 자신에 대한 자신감을 얻었다. 흑사병에 대항하기 위해 의사들을 중심으로 환자를 격리하고, 위생 상태를 개선하는 등 보다 과학적인 방법으로 대응하며 흑사병을 극복해 나갔다. 이를 통해서 얻어진 인간 자신에 대한 자신감은 16세기에 르네상스를 잉태하는 정신적인 토양이 되었다. 이 시대를 반영하는 유명한 소설이 AD 1348년 흑사병을 피해 피렌체 교외의 한적한 별장에 몸을 숨긴 청년 셋과 처녀 일곱 명이 열흘간 체류하며, 차례로 이야기한 기록이 보카치오의 '데카메론(Decameron)'이다. 이 소설에서는 죽음에 대한 체념과 함께, 중세를 지배했던 경건한 신앙보다는 오히려 성직자를 조롱하며, 살아있는 동안 쾌락을 추구하고 아름다움을 즐기려는 세속적인 인간의 욕망을 주로 묘사하고 있다.

경제적인 측면에 있어서도 급격한 인구의 감소는 농노의 부족을 초래하여 봉건제도를 더 이상 유지할 수 없게 만들었다. 일손이 부족해지자 농노들은 예전에 비해 더 많은 대가를 받게 되었고, 또 사람들은 새로운 일자리를 찾아 도시로 모여들어, 귀족 출신이 아니더라도 돈을 많이 모아서 신분을 높인 사람들이 늘어났다. 십자군원정과 흑사병의 창궐 등을 거치며, 교황의 권위가 추락하고, 인구가 급격히 감소함에 따라 더 이상 봉건제도를 유지할 수 없게 되면서 종교적 권위를 바탕으로 굳건히 유지되던 중세 봉건사회가 막을 내리고, 르네상스시대가 막을 열게 되었다. 흑사병의 피해가 다른 지역보다 비교적 덜하고, 십자군전쟁 동안 교역으로 번영한 이태리에서, 특히 피렌체의 메디치가문의 후원을 바탕으로 르네상스는 꽃을 피기 시작하였다. 르네상스는 학문 또는 예술의 재생, 부활이라는 의미를 가지고 있는데, 고대 그리스, 로마의 문화를 이상으로 하여 이들을 부흥시킴으로써 새 문화를 창출해 내려는 운동으로, 그 범위는 사상, 문학, 미술, 건축 등 다방면에 걸친 것이었다. 르네상스를 통해 인류는 중세의 종교적 속박에서 벗어나, 인간성의 해방과 인간의 재발견, 그리고 합리적인 사유(思惟)와 생활태도를 받아들이려는 근대화의 길로 들어서게 되었다.

소빙하기에 들어서 기온이 점점 하강하여, AD 1369년 이후에는 유럽과 그린란드 사이의 정기항로가 끊어졌다. 이후 AD 1540년경 그린란드로 난파해간 배의 선원은 그린란드 마을 주민이 전멸했음을 확인하였다. 그린란드에서는 기후가 한랭화 함에 따라 농업도 목축도 점점 더 어려워지게 되고, 뇌조나 산토끼를 잡아 연명하였으며, 그것도 어려워짐에 따라 남아있던 가축을 잡아먹었던 것으로 보인다. 헛간에 남아있던 뼈는 갓 태어난 양과 칼자국이 남아있는 대형 수렵견의 뼈가 발견되었다. 사람의 뼈는 발견되지 않았다. 마지막 식량을 다 먹고 다른 곳으로 갔는지, 아니면 이누이트족에 끌려갔는지 확실하지 않다. 헛간에 갓 태어난 가축의 뼈가 있는 것으로 보아 떠난 시기는 봄이었던 것으로 추정된다. 동쪽 정착지는 서쪽 정착지가 버려진 뒤에도 100년 가까이 유지되었던 것으로 추정된다. 마지막으로 노르웨이로 되돌아온 그린란드 선장의 기록에 의하면 AD 1401년 9월 1일 결혼식이 행해졌었다고 한다. 유적에 남겨진 여성의 의류의 방사성탄소 연대측정에서도 AD 1435년으로 밝혀졌다. 이는 유럽과의 교역이 완전히 단절된 뒤에도 적어도 25년은 생존해 있었다는 의미가 된다. 매장된 유골로부터 정착 초기 11세기의 성인의 평균 신장이 177cm 였던 것이 15세기에 이르면 164cm로 작아진 사실을 확인할 수 있었다. 또 딱딱한 음식을 많이 먹은 탓에, 어린이의 이빨도 마모가 매우 심한 상태였다. 14세기에 들어서며 소빙하기로 악화되어가는 기후로 인해 그린란드뿐만 아니라, 아이슬란드에서도 인구가 감소하고, 농업을 포기하였었다.

그린란드에 정착했던 바이킹족들이 전멸하게 된 가장 중요한 요인은 기온이 하강하여 농업, 어업 등을 더 이상 영위할 수 없게 되고, 유럽과의 항로가 얼어서 더 이상 교류를 할 수 없게 된 데 있다. 그러나 우리는 여기서 한 가지 의문점을 가지게 된다. 그러면 어떻게 그곳에 원래부터 살고 있던 이누이트족은 살아남을 수 있었는가? 이누이트족은 농사를 지을 수 없는 혹한의 동토에서 수천 년 동안 물개 사냥 등을 통해 생존해 나가는 방법을 터득하였다. 즉 중세온난기 동안 비정상적으로 따뜻했던 그린란드가 아닌, 농사를 지을 수 없는 혹한의 그린란드에 최적의 생활방식을 발전시켜 살아왔던 것이다. 그러나 바이킹족은 점점 한랭화 되어가는 기후변화에 적응하려 하지 않은 채, 그들이 경멸하던 이누이트족의 생활방식을 따르지 않고, 농경과 목축을 중심으로 하는 북유럽의 전통적인 생활습관을 고집하면서 살았다. 그러나 이러한 유럽식의 농경생활에의 집착은 바이킹족들로 하여금 소빙하기에 그린란드를 엄습한 한랭한 기후를 극복하기 어렵게 만들었다. 이는 인류가 기후변화에 적응하지 못했을 때 어떠한 재앙을 맞게 되는지를 잘 보여주는 역사적 교훈이다.

비슷한 시기에 중국대륙에서는 몽고족에 의해 세워진 원(元)나라가 멸망하고, 명(明)나라의 건국을 통해 중국은 한족에게 되돌려진다(AD 1368). AD 1340년 이후 원나라 말기에도 유럽과 유사하게, 흑사병과 같은 역병이 창궐하였고, 홍수와 가뭄 등 잦은 기상재해에 시달렸다는 기록이 나온다. 한편, AD 1337년 잉글랜드와 프랑스 사이 노르망디지방의 지배를 둘러싸고 백년전쟁이 발발하고, 이후 유럽에는 농민반란이 줄지어 일어났다(AD 1358, 프랑스에서 쟈크리의 난, AD 1381 영국에서 와트타일러의 난).

영국의 포도 재배는 AD 1440년경 완전히 없어진다. 여기에는 단순히 기후가 한랭화된 이유 이외에 교통의 발달로 인해 영국의 포도재배가 더 이상 경쟁력이 없어진 점도 한 이유가 되었다. AD 1440년 이후에도 흉년은 계속되어 호우에 의한 기근이 빈발했다. 프랑스에서는 3000개 이상의 마을이 폐촌이 됐고, 독일, 서부 러시아로 대량의 난민을 방출하였다. 그 당시 기록에는 산속의 늑대들이 굶주려 마을을 습격하는 이야기가 종종 나온다.

14세기에 유럽에서 빈발한 대기근은 인구의 감소와 함께 사회경제적 기반을 붕괴시켰다. 이는 15–16세기 이후 항해를 통해 전 세계의 문물을 교역하려는 자극이 되었다. 즉 경제의 붕괴와 삼림자원의 고갈로 외부로 물자를 찾아나서야 하는데, 서쪽은 오스만제국을 중심으로 이슬람세력이 버티고 있어서, 대서양으로 눈을 돌릴 수밖에 없었다. AD 1418년 포르투갈의 엔리케왕자가 서아프리카의 새로운 항로개척에 힘을 쏟기 시작한 이후, AD 1492년 콜럼버스의 신대륙 발견, AD 1497년 바스쿠다가마의 인도항로 개척, AD 1516년 마젤란의 세계일주를 달성하며, 바야흐로 전 세계는 유럽의 영향력 아래 놓이게 되었다.

3 17세기-소빙하기 절정기

16세기에 들어서 기후가 어느 정도 회복되었다가, 기후는 다시 악화되어 17세기 초반에는 소빙하기 중에서도 가장 한랭했던 시기에 들어서게 된다. 이 시절 전 세계적으로 극심한 혼란이 빈번하게 발생하였다.[71] 신교와 구교사이의 종교전쟁으로부터 시작된 AD 1618–1646년 동안의 삼십년

전쟁은 독일국토를 초토화시켰다. 영국에서는 누적된 정치, 사회적 갈등으로 말미암아 왕과 국회 사이에 AD 1642년 내전이 발발하고, AD 1649년 찰스1세는 처형되었으며, AD 1689년에는 명예혁명에 의하여 잉글랜드 처음이자 마지막이었던 공화국을 성립시켰다. 프랑스에서는 부르봉왕권에 대한 귀족세력의 최후의 반항으로 AD 1648-1653년간 프롱드의 난이 발생하였다.

한랭한 기후는 영국에서도 가장 북쪽에 위치하는 스코틀랜드에서 가장 심각한 영향을 주었다. 특히 스코틀랜드 고지에서 흉작과 이에 따른 기근이 빈발하게 되었다. 이에 대응하여, 당시 제임스 6세(James VI, AD 1566-1625)는 아일랜드의 정치, 종교적 영향력을 확장시키려는 의도와 함께 스코틀란드 농민들을 얼스터(Ulster)라고 불리는 북아일랜드 지역으로 대량 이주시켰다. 수만 명의 스코틀랜드 농민들이 북아일랜드로 이주하였으며, 이주는 AD 1690년경에 절정에 이르렀다. 지역에 따라 주민의 15%가 북아일랜드로 이주하기도 하였다.[54] 따라서 이 지역에서는 신교를 믿는 스코틀란드인의 후예가 구교를 믿는 아일랜드인에 비해 다수를 차지하게 되고, 따라서 아일란드가 독립할 때 분리돼 영국의 일부로 남게 되어, 지금까지 북아일랜드 분쟁의 씨앗이 되었다. 한편, 스코틀란드의 계속된 기근은 AD 1707년 그때까지 별개의 국가였던 잉글랜드와 스코틀랜드가 통합하는데 유리한 환경을 만들어주기도 하였다.

17세기 소빙하기의 절정기에 유럽에서 발생했던 가장 중요한 사건으로 삼십년전쟁을 들 수 있다(AD 1618-1648). 삼십년전쟁은 유럽의 신교와 구교의 세력 사이에 일어난 전쟁으로 사망자 수가 800만 명에 이르는 인류역사상 가장 가혹하고 사망자가 많은 전쟁 중의 하나였다. 전쟁은 초기에 구교를 강요하는 신성로마제국의 종교정책을 지지하는 제후국과 반대하는 제후국 간의 다툼이었으나, 유럽의 대부분의 강대국들이 개입하면서 규모가 큰 전쟁으로 발전하였다. AD 1527년 마르틴 루터가 종교개혁에 불길을 당긴 이후, 유럽에서 신교도와 구교도 사이의 박해와 학살이 그치지를 않았다. 종교는 사람들을 격정적으로 만들고, 세상일을 선과 악으로 단순화하여 선동할 뿐만 아니라, 당시 막대한 부와 정치권력을 안고 있던 종교단체는 종교를 빌미로 상대 도시와 국가를 약탈하려는 세속권력의 속셈을 가지고 있었다. 이러한 종교 갈등이 점점 악화되어 가던 중, 17세기에 들어서면서 소빙하기의 한랭한 기후로 인한 곡물가의 상승과 이에 따른 경제적 쇠퇴와 사회적 불안정은 삼십년 전쟁을 부추기는 역할을 하였을 것으로 보인다. 삼십년전쟁은 독일 전역을 초토화시켜, 영국이나 프랑스에 비해 근대국가로 성장하는데 뒤처지는 원인이 되었다.

한편, AD 1581년에 스페인으로부터 독립을 선언했던 네델란드는 AD 1648년 삼십년전쟁을 종결하는 베스트팔렌(Westfalen)조약에서 공식적으로 독립국가로 인정받고, 소빙하기가 절정기에 최고의 번영을 구가하게 된다.[18] 네덜란드는 교역을 중심으로 하는 조그만 상업국가로서 인류 최초의 자본주의 국가였다. 네덜란드는 17세기 동인도회사, 서인도회사를 설립하여 세계무역을 제패하면서 황금시대를 맞이한다. 이 시기 암스테르담은 세계의 상업, 무역의 중심지였다. 이 시기는 문화적으로도 황금기를 맞이하여, 렘브란트 같은 화가, 에라스무스, 스피노자 같은 철학자들을 배출하였다. 그러나 중계무역에 의존하고 있던 네델란드는 산업혁명을 바탕으로 공업생산의 획기적인 발전을 가져온 영국과의 경쟁에서 뒤쳐지게 된다. 17세기 네델란드의 번영은 BC 1500년경 한랭, 건조한 시기에 오히려 번성했던 작은 영토의 인류최초의 상업국가였던 페니키아의 번영을 생각나게 한다.

이와 대조적으로 스칸디나비아 국가들은 소빙하기 동안 많은 농지에서 더 이상 농사를 지을 수 없게 되어, 경제가 피폐해졌다. 기온의 하강은 수산업의 쇠퇴도 가져왔다. 4-7도의 수온에서 서식하는 대구, 3-13도의 수온에서 서식하는 연어가 노르웨이 연안에서 서식하며, 노르웨이에 좋은 어장을 가져다주었는데, 소빙하기에 들어와 해수의 온도가 낮아지며, 대구와 연어는 노르웨이 연안을 떠나 남쪽으로 내려가 네델란드 연안으로 몰려들었다. 이로 인해 노르웨이의 수산업은 쇠퇴하고, 네델란드의 수산업이 번성하게 되었다.

소빙하기 동안 동아시아에서도 악화되는 기후에 의한 영향이 많이 나타나고 있다. 특히 소빙하기 중에 조선시대에 발생한 가장 심각한 대기근이었던 경신대기근(庚辛大飢饉)이 발생했다. 경신대기근은 조선 현종 재위기간인 AD 1670년(경술년)과 AD 1671년(신해년)에 있었던 냉해, 한발, 홍수, 태풍 등의 각종 자연재해로 연이어 발생한 대기근이다. 한국 역사상 전대미문의 기이 사태였으며, 임진왜란 때부터 살아온 노인들이 '전쟁 때도 이것보다는 나았다'고 생각할 정도의 피해를 입었다. 경신대기근의 결과는 파멸적이었다. 조선 8도 전체의 흉작이라는 초유의 사태가 발생했으며, 당시 조선 인구의 1200-1400만 명 중 30-40만 명이 사망하는 피해를 입었다. 조선왕조실록(朝鮮王朝實錄)을 살펴보면 AD 1670년 한 해 동안 온갖 자연재해가 집중해서 일어났으며, 이듬해인 AD 1671년에 조정에서 구휼에 적극적으로 나섬에도 불구하고 엄청난 수의 백성들이 죽어갔음을 알 수 있다. 경신대기근이 일어나던 AD 1670년에 조선의 조정은 상복(喪服)을 몇 년 입어야 하는가에 대한 예송논쟁(禮訟論爭)으로 당파싸움에 여념이 없었다. 이후 20여년 뒤 숙종 재위기인 AD 1695년에 또다시 기상재해에 따른 흉년, 기근을 겪게 되는데, 이를 을병대기근(乙丙大饑饉)이라 부른다. 이후에도 조선시대 후기 흉년과 기근으로 인해 잦은 농민반란이 발생하였으며(AD 1811년 홍경래난, AD 1862년 진주민란), 또 기근을 극복하기 위해 북간도 및 연해주의 개척이 이루어졌다. 일본에서도 사대기근(四大饑饉, AD 1642, 1732, 1782, 1833)이 소빙하기 동안 발생하였다.

중국에서 명나라가 이자성(李自成)이 이끄는 농민반란군에 의해 망하고, 청나라가 들어선 명나라 말기(AD 1600–1643)도 소빙하기 중에서도 가장 한랭한 시기였다.[111] 이 시기에 운남성, 광동성과 같이 결코 눈이 내리지 않는 남부의 따뜻한 지역에도 눈이 온 기록이 나타나고 있다. 또 당시의 호북성에서 복숭아꽃, 매화, 계수나무 등의 개화날짜를 보면, 현재보다 1–2주 늦다. 이로 보아 당시는 오늘날보다 기온이 1.5–2°C 낮았음을 알 수 있다. 또 명말 후반기는 한랭화뿐만 아니라, 가뭄도 극히 심각하였다. 산동통지(山東通志)에 의하면 숭정(崇禎) 6–16년 사이 AD 1633–1643년간 크게 가물어, 굶주린 백성들이 온 거리에 가득하였고, 사람이 서로 잡아먹었으며, 도적떼가 성읍을 파괴하였다는 기록이 나온다. 그밖에도 하북성(AD 1601), 광서성(AD 1618), 섬서성(AD 1633) 등에도 극심한 가뭄의 기록이 남아있다.[111] 해마다 발생하는 극심한 한파와 가뭄으로 말미암아 기근이 계속되고, 이로 말미암아 AD 1630–1640년간 이자성과 장헌충이 이끄는 농민반란이 발생하였고, 이자성의 반란군이 자금성으로 밀고 들어가면서 명대의 마지막 황제인 숭정제는 자살하고, 명은 마지막을 고했다. 그러나 이자성 농민반란에 대한 응징을 빌미로 만주족이 산해관을 넘어와 북경(北京)을 점령하고 청나라를 세우게 된다.

소빙하기의 한랭하고, 음산한 날씨는 문화적인 면에서도 많은 영향을 끼쳤다. 사람들은 갑자기 견디기 힘든 절망을 겪으면, 이를 이성적으로 해결하려하기보다는 사회의 이질적인 존재에 비난의 화살을 돌리는 집단적

광기에 빠지는 경우가 종종 있다. 동경대지진 발생 시의 일본인들의 조선인 학살과 1차세계대전 패배로 인해 절망에 빠진 독일인의 유대인 학살 등이 그 예이다. 춥고, 음산한 날씨가 계속되고, 또 그로 인해 흉작과 기근, 역병이 계속되던 소빙하기의 절망감으로 인해 마녀사냥(witch-hunt)과 유대인 박해(pogrom)가 절정에 이르렀다.

마녀사냥은 15세기 초부터 산발적으로 시작되어 16세기 말-17세기가 전성기였다. 잔다르크가 영국군에 잡혀 마녀재판으로 19살의 꽃다운 나이에 화형으로 사라진 것이 AD 1431년의 일이었다. 당시 유럽 사회는 악마적 마법의 존재, 곧 마법의 집회와 밀교가 존재한다고 믿고 있었다. 교황 인노센트(Innocent) 8세는 1484년 주술사들과 마녀들의 존재를 인정하고, 이들에 대한 단죄를 지지하는 칙령을 반포하였으며, 독일의 이단심문관이었던 크라머(Kramer)는 AD 1487년 '마녀의 망치'라는 책을 통해, 악천후의 원인은 마녀이며, 그들은 폭풍우, 번개를 일으켜서 인간과 짐승을 해친다고 주장하였다.

초기에는 희생자의 수도 적었고, 종교재판소가 마녀사냥을 전담하였지만 세속법정이 마녀사냥을 주관하게 되면서 광기에 휩싸이게 되었다. 이교도를 박해하기 위한 수단이었던 종교재판은 악마의 주장을 따르고 다른 사람과 사회를 파괴한다는 마법사와 마녀를 처단을 빙자한 지배수단으로 바뀌게 되었다. 성직자들은 종교재판에서의 고문을 통해 아무 죄도 없는 여자들을 마녀로 몰아 화형 또는 참수시켰다. 심지어 일부 성직자들은 자신의 뜻대로 되지 않는 여자를 마녀로 몰기도 하였다. 그 당시 종교전쟁, 흑사병과 기근 등 당시 사회를 휩쓸었던 불행들에 대한 납득할 만한 설명이 필요했고, 종교권력의 기득권을 유지하기 위한 방법으로 마녀사냥이 동원됐다. 한랭한 기후가 계속되는 가운데, 기후의 악화를 인간의 죄악에 대한

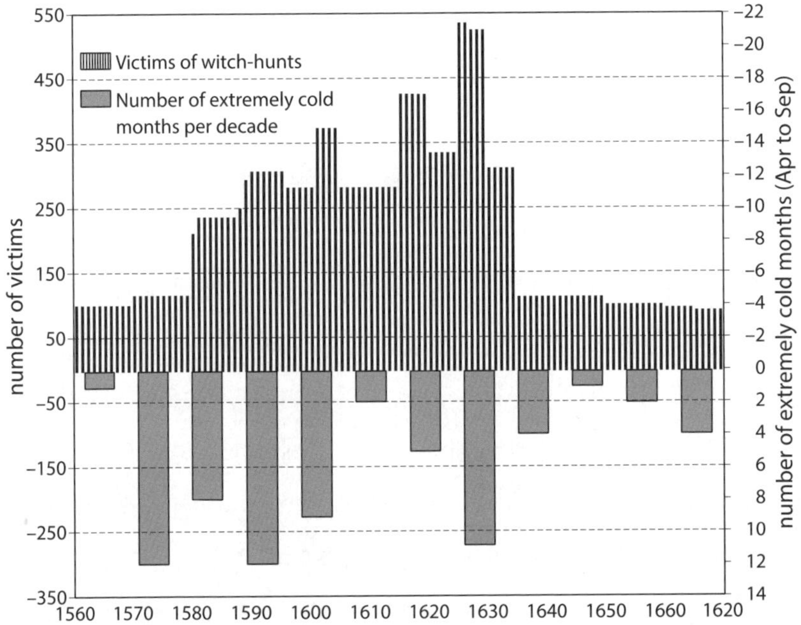

그림 9-9 10년 단위 마녀사냥 희생자와 혹한달수의 변화.[75]

신의 노여움으로 해석하여 마녀사냥을 강화시켰다.[67,75] 교황의 칙령에서도 '마녀들이 주술에 의해 폭우와 우박을 일으킨다'는 기록이 나오고 있다.[54] 기록에 의하면 희생된 여자의 수는 겨울의 추위에 비례하여 증가하여, AD 1600년 전후 가장 추웠던 시기에 마녀사냥이 극성을 부렸다(그림 9-9). 마녀사냥의 희생자는 주로 독일, 프랑스, 스위스를 중심으로 4만 명을 넘어섰다. 한편, 이태리를 포함 기후가 따뜻했던 알프스이남 지중해지역에서는 그 피해가 상대적으로 적었다.

유대인들은 로마시대부터 유럽에서 살기 시작하였다. 기독교가 로마의 국교가 된 뒤에도 그들은 자신들의 종교를 탄압받지 않고, 유지할 수 있었다. 중세 초기까지도 유대인에 대해 관용적이었으나, 십자군전쟁을 하면서 박해를 받기 시작하였다. 그래도 13세기 말까지는 그들만의 집단을 이루고 유럽사회 내에서 평화롭게 살 수 있었다. 그러나 14세기 초 기후악화가 계속되면서, 영국, 프랑스 등 서유럽국가들은 유대인을 기후악화와 흑사병의 속죄양으로 여기고 추방하기 시작하였다. 심지어는 종교개혁으로 이끈 지도자인 루터도 AD 1543년 '유대인들과 그들의 거짓말'이란 저서를 발표하고, 유대인박해를 선동하였다. 특히 AD 1478년 이래 이베리아반도를 회교도로부터 되찾은 스페인에서는 수백 년 동안 종교재판(Spanish Inquisition)을 통하여 유대인과 회교도들에 대한 종교적 학살을 자행하였다. 어떠한 이유도 없이 한 사람을 이단으로 몰아, 어떠한 심문도 없이 고문하고, 감금하며, 그들의 재산을 약탈하고, 처형하는 일이 수도 없이 벌어졌다. 종교재판에 희생된 사람은 30만 명을 넘는 것으로 알려져 있다.

4 18세기-소빙하기 말기의 근대화

소빙하기의 후기, 18세기에 서유럽에서 일어난 가장 중요한 사건으로서 현대의 기술문명으로 이끈 시발점이었던 산업혁명(Industrial Revolution)과 현대 민주주의의 씨앗이 된 프랑스혁명을 들 수 있다.

산업혁명은 대략 AD 1760−1820년 사이에 영국에서 시작된 기술의 혁신과 새로운 제조공정으로의 전환 및 이로 인해 일어난 사회, 경제 등의 큰 변화를 일컫는다. 18세기에 들어서 면직물의 수요가 급증하자 AD 1776년 와트(Watt)가 증기기관을 발명해 대량생산이 시작되었는데, 이를 산업혁명의 출발점으로 본다. AD 1450−1500년경 한랭한 기후로 인해 농작물의 작황이 나빠지고, 양모의 수요가 증가하게 되어 양모가격이 급등함에 따라 많은 농장주들이 농지를 목장으로 변환하게 된다(인클로저 운동, Enclosure Movement). 한편 AD 1645－1715년경 한랭한 기후를 극복하는 과정에서 농업이 기계화되고 집중화된 농업기술이 개발된다. 이러한 인클로저운동과 농업의 기계화로 인해, 많은 소작농들이 일자리를 잃고 도시로 흘러들어오게 되었다. 이들은 공업생산에 종사할 수 있는 산업혁명에 필요한 많은 유휴노동력을 제공하였다. 한편, 한랭한 기후는 대규모 의복생산의 필요성을 증가시켰다. 이에 대응하여 대량생산을 꾀하던 면직공업이 바로 산업혁명을 유발하게 된다. 영국에서 산업혁명이 탄생하게 된 주된 요인으로는 입헌공화정치에 의한 정치적 안정, 영국의 풍부한 석탄자원과 많은 식민지의 확보 등이 알려져 있다. 이와 함께 우리는 위에서 언급한 것처럼 한랭한 기후가 산업혁명이 일어나기에 유리한 조건을 제공한 점도 생각해볼 수 있겠다. 산업혁명은 정치구조의 변화도 가져왔다. 산업혁명으로 신흥자본가 계급인 부르주아 계급이 크게 성장하여, 왕족과 귀족의 지배체제가 무너지고, 점차 자유민주주의적인 정치체제로 가게 되었다. 한편, 산업혁명은 도시인구의 폭발적인 증가를 가져왔으며, 석탄이 연소할 때 발생하는 연기로 대기환경이 나빠졌다. 또 이때부터 지구온난화의 원인이 되는 이산화탄소가 공기 중으로 배출되기 시작하였다.

17세기 영국은 한랭한 기후에 대응하여 농업혁신이 이루어진데 비해, 프랑스는 여전히 중세의 농업을 답습하고 있었다. 새로운 철제농기구가 도입되었던 영국과 달리 여전히 구시대의 목제농기구를 사용하는 등 농업생산성이 영국에 비해 현저히 낮은 상태에 있어, 기후변화에 취약한 상태에 놓여 있었다. AD 1670－1700년 동안 프랑스에서는 루이 14세에 의한 왕정의 사치와 미국독립전쟁 지원, 주변국들과의 끊임없는 전쟁으로 국가재정이 고갈된 상태에서 혹한의 기후가 덮쳤다. 인구의 증가와 AD 1770년 이후의 추운 기후로 말미암아 프랑스농민들은 극도로 어려운 상황에 놓여 있었다. AD 1787년은 풍작이었다. 그러나 국가재정적자 완화를 위해 많은 양의 곡물을 수출한 탓에 곳간에 남아 있는 곡물이 별로 없는 상태여서 이듬해 AD 1788년 흉작을 대처할 수 없었으며, 곡물가는 폭등하고, 식량을 구하기가 점점 더 어려워져만 가던 중 AD 1788/1789년 겨울의 혹한 뒤에 농민폭동이 발발하였다. 프랑스혁명의 사회경제적 요인으로서 2% 성직자와 귀족이 부와 권력을 독점하는 앙시아레짐(ancien régime), 파탄상태의 재정, 신흥 부르주아 계급의 성장과 계몽주의의 확산 등을 들 수 있으나, 소빙하기에 덮친 혹한도 프랑스혁명을 발발시키는 방아쇠 역할을 한 것으로 보인다. 프랑스혁명은 영국의 산업혁명과 마찬가지로 정치권력이 왕족과 귀족에서 자본가로 옮겨지는 전환점이 되었다.

소빙하기 동안 산업혁명과 함께, 정신적으로도 근대적 지성이 탄생하여, 근대문명에 들어서게 되었다. 갈릴레이, 케플러, 그리고 뉴턴 등에 의해 물리학이, 베이컨, 데카르트, 몽테스키외 등에 의해 근대철학이, 스미스 등에 의해 경제학이 탄생하였으며, 루터, 캘빈 등에 의해 종교개혁이 이루어졌다.

17세기 전반부터 네델란드의 간척지에서 무, 메밀 등 추위에 강한 상품작물들의 재배가 행해졌다. 특히 소빙하기를 이겨내기 위한 구세주는 신대륙으로부터 가져온 감자였다. 안데스산맥에서 인디오들에 의해 6세기경부터 재배되기 시작했던 감자는 안데스 고산지역의 한랭, 습윤한 기후에서 재배되는 작물로 소빙하기의 유럽기후에 적합하였다. 특히 감자는 같은 면적에서 산출량이 밀에 비해 두 배 이상 클 뿐만 아니라 재배에 있어 밀보다 적은 노동력을 필요로 하고, 생육기간도 밀보다 3–4개월 짧았다. 거기다 영양분도 풍부하여 AD 1690년대 이후 구황작물(救荒作物)로서 아일랜드, 스코틀랜드 등을 비롯 전 유럽에 보급되었다. 플랑드르지방에서는 AD 1693–1791년 동안 곡물소비량은 60% 감소하고, 나머지 40%는 감자로 채워졌다. 프랑스에서는 AD 1371–1791년에 걸친 420년 동안 기근이 111회 나타났지만, 감자 덕분에 18세기 들어서는 16회로 기근의 발생횟수가 크게 줄었다. 뿐만 아니라 감자는 농업노동량을 감소시키고, 유휴노동력을 발생시켜 산업혁명에 기여했다.

이런 이유로 당시 영국식민지였던 아일랜드에서는 감자가 거의 단일작물화 되어버렸다. 그런 상태에서 소빙하기가 끝나갈 무렵 AD 1840년경 서유럽에 덥고, 습한 날씨가 찾아와서 전염병이 돌아 감자농사가 대흉작이 되었다. 특히 인구밀도가 높고, 감자에의 의존도가 높았던 아일랜드에선 그 피해가 매우 컸다. AD 1845–1852년 동안 발생한 아일랜드 대기근(Great Famine) 동안 아일랜드에서는 대략 백만 명이 아사했고, 백만 명이 미국으로 이민 갔다. 이로 인해 아일랜드의 인구는 20세기 중반까지 거의 절반으로 감소하여 현재의 아일랜드의 인구는 대기근 이전보다도 적다. 한편, 아일랜드 이민의 후예는 케네디, 부시, 레이건, 클린턴 등 수많은 대통령을 배출하며, 미국의 주류로 자리잡게 되었다.

마지막으로 소빙하기가 마지막 절정에 이르렀을 무렵이었던 AD 1816년의 이른바 '여름이 사라진 해'(the year without a summer)에 대해 언급하고자 한다. AD 1816년 여름 전 지구적으로 0.4–0.7도 특히 서유럽과 미국동부에는 평년보다 여름기온이 2–5 도 낮았다. 6월 미국 뉴잉글랜드 지방에 눈이 내린 기록이 나타나고, 식물의 성장기간이 평년보다 50여일 더 짧아졌다. 이러한 극단적인 이상기온은 AD 1815년에 발생한 인도네시아 숨바와섬에 있는 탐보라화산의 폭발에 의한 것으로 알려졌다. 탐보라화산은 1815년 4월 5일부터 분화를 시작해, 가장 심했던 11-12일을 거쳐 총 분출량은 150km³에 이른 빙하시대 이후의 최대급의 화산이었다. 화산폭발이 가장 심했던 사흘 동안 그 지역은 완전히 어두운 상태였으며, 이후 탐보라화산의 고도는 1200m이상 낮아졌다. 폭발음은 1500km 이상 떨어져 있던 수마트라섬에서도 들릴 정도였다고 하며, 만여 명의 숨바와섬의 주민 거의 대부분이 몰살당하였다.

여름이 사라진 해는 극심한 흉작과 기근, 그리고 곡물가의 폭등을 유발하였다. 영국, 프랑스, 스위스 등에서는 폭동이 일어났고, 창고가 약탈당했다. 특히 스위스에서는 그 피해가 심각해서 국가비상사태를 선포하였다. 이는 또한 AD 1816-1819 년 동안 아일랜드에서 역병인 티푸스로 수만 명의 인명을 앗아가게 되는 요인이 되기도 하였다. 한편, AD 1816년의 흉년과 기근은 유럽으로부터 미국으로의 대량 이민을 유발하는 기폭제가 되었으며, 또 미국 내에서는 동부해안으로부터 중서부로 이주를 촉진시켰다.[4,45,101] 참고로 화산이 폭발했던 AD 1815년은 유럽에서는 나폴레옹이 유배되어 있던 엘바섬을 탈출하여, 또 다시 프랑스황제에 즉위하여 워털루해전에서 패할 때끼지 백일천하를 누리고 있던 시기이기도 하다.

영국의 시인 바이런(Byron)은 여름에는 스위스 제네바의 교외 별장에서 문인들을 초대해 함께 보내곤 했는데, AD 1816년 6월에는 예년과 달리 긴 비가 계속되고 음산한 날씨가 계속되었다. 음산한 날씨에 별장에 갇혀 지내면서, 그들은 공포소설을 서로 지어가면서 시간을 때우기로 하였다. 이에 셸리는 '프랑켄슈타인(Frankenstein)'을 폴리도리는 나중에 드라큘라의 바탕이 된 '흡혈귀(Vampire)'란 소설을 만들어 냈다.

5 소빙하기동안의 인구의 변화

기후변화가 인류에 미치는 영향을 나타낼 수 있는 지수로서 우리는 인구변화를 생각할 수 있다. 즉 양호한 기후조건 아래서 곡물생산이 늘고, 정치체제가 안정되게 되면서 인구가 증가하는 반면, 가혹한 기후조건 아래서는 흉년이 들어, 기근과 질병에 시달리고, 또 이로 인해 정치적인 혼란이 계속되면서 인구가 감소하는 것으로 예상할 수 있다.

그림 9-10에 나타난 지난 5000년간의 인구변화는 기후가 악화되었던 AD 300년경과 중세온난기가 끝나고 기상의 악화와 흑사병이 창궐이 발생했던 AD 1300년경, 그리고 소빙하기 중 가장 추웠던 AD 1600년경에 인구의 감소가 나타남을 보여주고 있다. 그러나 산업혁명 이후에는 기후와

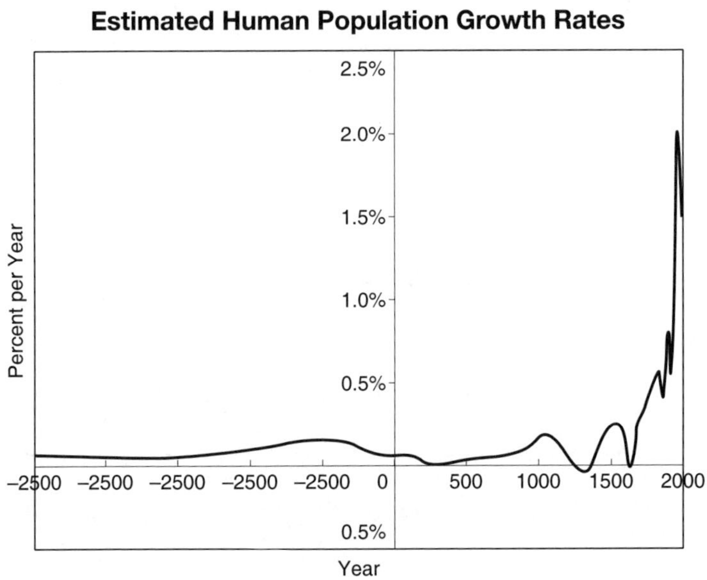

그림 9-10 지난 5000년간의 전 세계 인구변화의 추정.[46]

관계없이 인구가 급증함을 보여주고 있는데, 이는 인류문명이 더 이상 기후에 종속되지 않게 되었음을 의미한다.

6 소빙하기동안 저위도의 건조화

소빙하기 동안 저위도, 특히 동남아시아와 아프리카 등지에서는 극심한 가뭄의 기록이 자주 나타나고 있다. 크메르왕국은 방대한 관개시설을 기반으로 한 벼농사가 많은 인구를 유지하였다. 그러나 개발에 따른 삼림의 훼손과 침식은 기후변화에 취약한 상태를 만들었다. 극심한 가뭄과 그를 이은 대홍수는 관개시설을 훼손시켰다. 쇠퇴해가던 크메르는 남부중국으로부터 이동해온 타이족의 침입을 받아, AD 1444년 크메르왕국의 수도인 앙코르를 점령당하면서 붕괴하게 된다. 이후 앙코르와트의 찬란한 유적들은 정글 속에 버려지게 된다.

소빙하기 동안 아열대고기압대가 더 남쪽으로 밀려 내려가 사하라사막 남쪽의 사헬지역으로 사마화가 진전되있다. 이와 함께 이 지역에 살던, 쩨쩨파리도 보다 남쪽으로 이동하여, 가축에 치명적인 피해를 주었다. 이로 인해 AD 1600년경까지만 하더라도 소금, 금, 상아, 노예 등의 교역으로 번성하던 사헬 지역의 말리, 송하이 등의 이슬람제국들이 붕괴하게 된다. 이때 아프리카문명을 대표하는 수많은 건축물들을 남긴 니제르강 상류의 팀북투라는 말리왕국의 도시는 사하라사막안의 작은 마을로 쇠퇴하였다. 한편, 사하라 사막의 확장과 이에 따른 이슬람제국의 붕괴는 수많은 난민들을 발생시켜, 때마침 서아프리카에 도착한 포르투갈인들을 포함 유럽인들의 노예무역을 위한 많은 노예를 공급하게 되었다.

7 잉카제국의 멸망과 엘니뇨

소빙하기는 대항해시대를 맞아 서구세력이 전 세계에 뻗어나가던 시기이기도 하였다. 마지막으로 지구의 중요한 기후의 경년변동(經年變動)현상인 엘니뇨현상이 AD 1533년 스페인 정복자 피사로가 잉카제국을 정복하는데 어떠한 역할을 하였는지를 알아보기로 하자. AD 1492년 콜럼버스가 신대륙을 발견한 이래, 스페인의 정복자(Conquistador)들은 원주민들을 정복하고, 새로운 식민지를 구축하기 시작하였다. 정복자들 중에 한 명이었던 피사로는 남미의 오지에 황금의 왕국(El Dorado)가 있다는 소문을 듣고, 원정을 결심하였다. AD 1524년에 파나마에서 파나마제독의 허락을 받아 스페인병사 112명과 수명의 원주민들을 이끌고 첫 번째 원정을 시도하였다(그림 9-11). 그 무렵 이미 아즈텍제국은 스페인정복자 코르테스에 의해 정복당하고(AD 1521년), 파나마도 스페인식민지가 되어 있었다. 잉카제국에 도달하기 위해서는 남미대륙의 태평양연안을 따라 남행해야 하는데, 페루로의 항로는 북위 5-15도에 놓여있는 열대수렴대의 남쪽에 위치해 있으므로, 항상 북풍이 불고 있어 이를 거슬러 항해하는 것이 매우 어려웠다(그림 II-1-19 참조). 이로 인해 항해는 예상보다 많은 시간이 걸려, 비축한 식량도 떨어지고, 질병도 돌아 항해 중 수십 명의 대원들이 죽었다. 갖은 역경 속에 간신히 원주민들이 사는 페루해안에 도착하였으나, 원주민들의 공격을 받아 원정은 실패로 끝났다. AD 1526년에 떠난 2차 원정도 비슷하게 실패로 끝났다. 그러나 1, 2차의 원정 중 전해들은 정보로부터 잉카제국의 존재를 확신하게 된 피사로는 그동안의 원정으로 300여 명의 대원들이 사망했음에도 불구하고, 다시 약 200명의 대원을 모아, AD 1531년 3차 원정에 떠나게 된다. 그러나 다행히 이번에는 바람이 약해, 1, 2차 원정 때 수개월

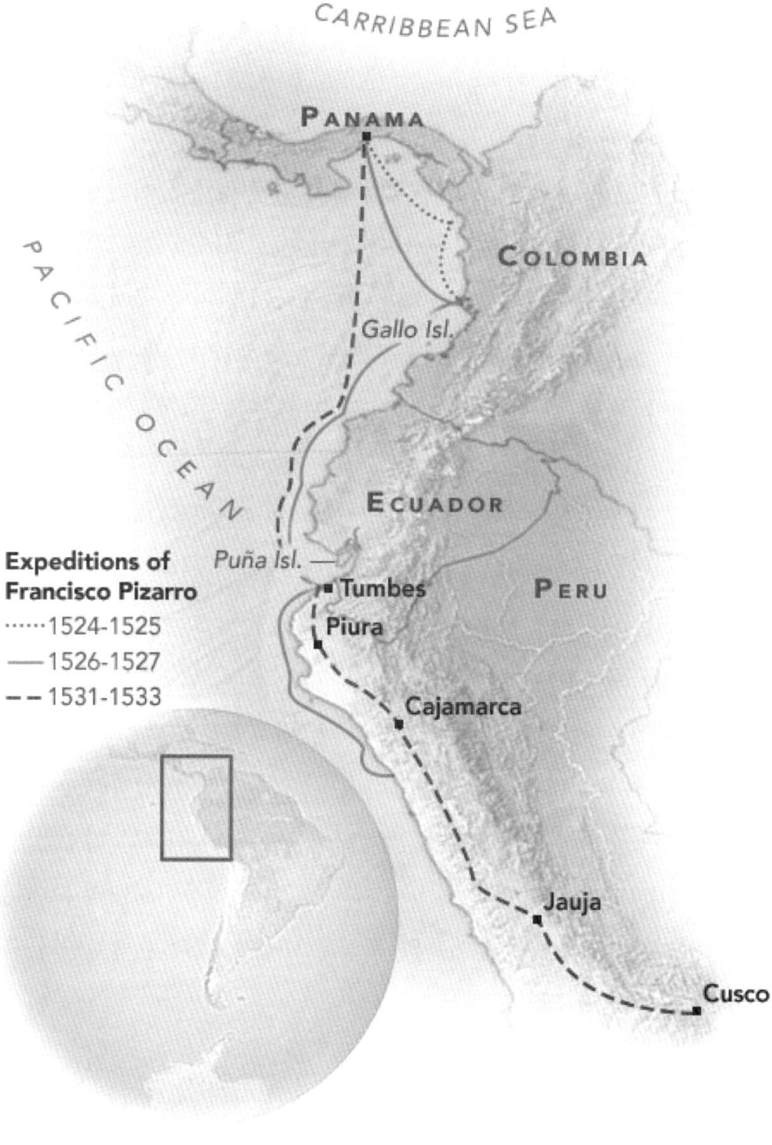

그림 9-11 피사로의 잉카제국 침략경로

이 걸리던 페루까지의 항해가 3차 원정 때에는 불과 13일 만에 도달할 수가 있었다. 이는 마침 이 해가 엘니뇨의 해였기 때문이었다. 엘니뇨가 발생하면 연안을 따라 북상하는 북풍, 그리고 무역풍이 약해지게 된다(II-2-3 참조). 페루해안에 상륙한 이후 잉카제국의 수도 쿠스코까지 가는 길에 호우가 계속되고, 또 이로 인해 강이 범람하여 진군이 매우 어려웠다는 기록으로부터 우리는 이 해에 엘니뇨가 발생했었음을 확인할 수 있다. 쿠스코에 도달한 피사로는 회견을 빙자하여 잉카제국의 마지막 황제 아타왈파를 만나자마자 볼모로 붙잡고, 왕궁의 큰 방을 금으로 가득 채울 것을 요구하였다. 그러나 그 방이 금으로 가득 채워진 다음에는 황제를 죽이고, 본격적인 약탈을 시작하며, 잉카문명은 어이없이 붕괴하였다.

그야말로 하루아침에 무너져버린 잉카제국은 그 이후 스페인인들에 의해 노예화되어 가혹하게 수탈당하는 운명에 빠지게 된다. 그들은 고유의 언어와 종교를 잃고, 스페인어와 기독교를 강요받아 그들의 조상이 구축했던 잉카문명으로 다시 돌아갈 수 없게 되었다. 이와 함께 천연두, 파상풍 등 유럽인들에 의해 전파된 전염병에 의해, 면역력이 없던 그들은 대량으로 몰살당하게 되었다. 가혹한 착취와 전염병에 의해 16세기 스페인정복자들이 도착했을 무렵 약 5000만 명 정도로 추산되던 신대륙 원주민의 인구가 불과 100년 뒤 약 500만 정도로 격감하였다. 청동기시대의 고대문명의 단계에 머물러 있었던 신대륙의 문명은 16세기 근대 유럽문명과 충돌하여, 참담하게 붕괴되었다.

제 10 장

AD 1900-: 지구온난화기

1 20세기 이후의 지구온난화

20세기에 들어서 소빙하기가 끝나고 지구의 기온은 서서히 상승하기 시작하여 20세기 말에 들어서 미증유의 속도로 기온상승이 나타나고 있다(그림 1-3, 4, 5). 대부분의 과학자들은 자연적인 원인에 의해 발생했던 지금까지의 기후변화와는 달리 이번 온난화는 산업혁명에 의해 발생한 이산화탄소 등 온실기체의 배출로 인한 온실효과에 기인한 인위적인 원인에 의해 발생한 것으로 판단하고 있다. 2014년 발표된 IPCC 5차 보고서에 의하면, 지난 30년이 기온을 측정하기 시작한 이래 가장 기온이 높았다고 보고되고 있다. 온난화의 영향은 전 지구에 걸쳐 다양한 형태로 나타나고 있다.

북극해의 해빙은 전례가 없을 정도의 빠른 속도로 감소하고 있다(그림 10-1). 1980년대 이래 여름철 해빙에 덮인 면적이 거의 반 정도가 사라졌다. 해빙이 사라지게 되면, 태양열이 해빙에서 반사되는 대신, 해양으로 직접 흡수되게 되어, 지구온난화가 가속화된다. 북극곰을 비롯하여 생태계에도 많은 영향을 끼치게 된다. 북극해의 수온은 1980년 이래 크게는 4도 정도까지도 상승하였고, 얼음이 어는 시기가 계속 늦어지고 있다. 21세기

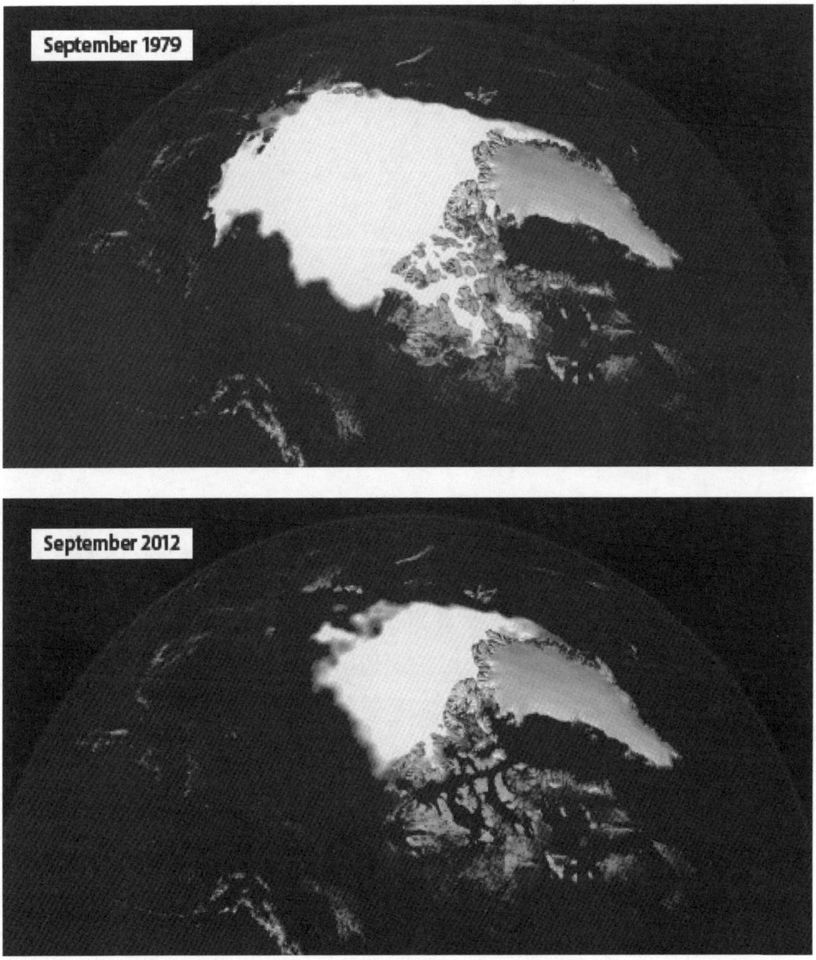

그림 10-1 축소되는 북극해의 해빙

중 여름철에 북극에서 해빙이 완전히 사라지는 때가 도래할 것으로 예상된다.[68] 한편, 북극해 해빙의 감소는 북극항로가 가능해져 우리나라에서 유럽으로의 물류비를 절약할 수 있는 장점도 있다. 지구상의 빙하는 크게 남극, 그린란드, 그리고 산 정상의 만년설에 의해 이루어져 있는데, 그중에서도 온난화에 가장 취약한 것이 산 정상의 만년설로, 특히 저위도의 만년설들이 빠른 속도로 사라지고 있다. 킬리만자로산 정상의 눈은 이미 1912년 측정치로부터 거의 80%가 사라졌다. 그린란드의 빙하도 빠른 속도로 감소하고 있으나, 이들 빙하가 다 녹기 위해서는 현재 예상되는 기온 상승보다 훨씬 더 큰 6도 이상의 기온 상승을 필요로 한다. 남극의 경우는 빙하의 양은 그린란드의 10배로 엄청나게 크지만, 그린란드보다도 훨씬 더 추워, 현재 예상되는 기온상승 정도로는 별로 녹지 않을 것으로 보인다.[99] 한편 기온상승에 따라 고위도 툰드라기후 지역에 있는 영구동토층(永久凍土層; permafrost)이 융해되고 있다. 기온 1도의 상승은 영구동토층을 북쪽으로 200−300km 북쪽으로 이동시키는 것으로 알려져 있다. 영구동토층의 융해는 지반을 약하게 하여, 건물이나 도로 등에 피해를 줄 뿐만 아니라, 땅속에 매장되어 있던 방대한 양의 메탄을 방출시켜 지구온난화를 가속시키는 역할도 한다.

빙하시대 이후에도 그랬듯이 지구온난화에 필연적으로 동반되는 현상이 해수면상승이다. 해수면이 상승하는 이유는 크게 두 가지로 육지의 빙하가 녹아 바다로 흘러들어가는데 따른 부피의 증가와 해수의 온도가 오르는데 따른 열팽창이 있는데, 두 가지가 비슷하게 중요하다. 해수면은 지난 100년간 10−20cm 정도 상승하였다.[43] 이는 지난 3000년간 어느 때보다도 빠른 속도로 상승하고 있음을 뜻한다. 수많은 해안의 도시와 도서들이 해수면상승에 의해 수몰의 위협을 받고 있으며, 이 중에는 태평양의 소국 투발루처럼 나라 전체가 난민을 신청한 경우까지 나오고 있다. 가장 높은 곳이 해발 4.6m 밖에 안 되는 투발루는 현재 예상대로 향후 100년 동안 해수면이 20−40cm 정도 상승하게 된다면 더 이상 사람이 살 수 없는 곳이 될 것이다.[72] 또 이집트나 방글라데시처럼 큰 강의 삼각주에 많은 인구와 농업생산이 집중되어 있는 국가들도 해수면 상승에 의해 가장 심각한 피해가 우려된다. 해수면이 상승하게 되면, 저지대의 농지가 침수되는 직접적인 피해뿐만 아니라, 여러 간접적인 피해가 예상된다. 지금보다 훨씬 깊은 내륙까지 폭풍우와 해일의 피해가 미치게 될 뿐만 아니라, 강물의 유속이 약해져 물이 바다로 빠져나가지 못하게 되어 침수가 더 잦아지게 된다. 또 약해진 강물의 유속으로 말미암아 부유토사가 바다까지 가지 못하고 도중에 가라앉아 퇴적량이 증가하고 강바닥이 얕아져, 홍수의 피해가 훨씬 더 심각해질 것으로 예상된다. 한편 해수면이 높아지면, 바다쪽의 수압도 높아져, 내륙으로 염분이 침투하여 농지가 황폐화되는 요인이 되기도 한다.

그밖에도 지구온난화와 동반하여 폭염이나 태풍, 집중호우와 같은 기상이변도 증가하는 추세를 보여주고 있다. 관측기록에 의하면, 지난 30년간 강수 또는 태풍의 빈도는 크게 증가하지 않았지만, 집중호우의 강도 또는 태풍의 강도는 뚜렷하게 증가하는 패턴을 보여주고 있다. 특히, 2005년 수많은 피해자를 발생한 카트리나를 포함 초강력태풍이 보다 빈번하게 나타나는 것도 지구온난화에 기인한다고 여겨지고 있다. 또 우리나라의 경우 여름철 장마전선이 물러간 이후 아열대성의 폭우가 많이 발생해, 장마의 구분이 희미해지고, 오히려 장마 이후에 강수량이 증가하는 경향을 뚜렷하게 보여주고 있는데, 이 또한 지구온난화와 관계 있는 것으로 여겨지고 있다.

20세기 이후 온도의 상승이 일률적으로 계속 증가만 한 것은 아니다. 20세기 제3분기(1950–1975) 동안에는 오히려 기온의 약간 하강하는 경향을 보이다가 그 이후에 현재 우리가 우려하듯 급격한 온도상승을 보여주고 있다(그림 10–2). 이는 온실효과에 의한 지구온난화 이외에도 자연적인 기후변동의 효과도 아울러 나타남을 의미한다. 1850–1900년 평균에 비교했을

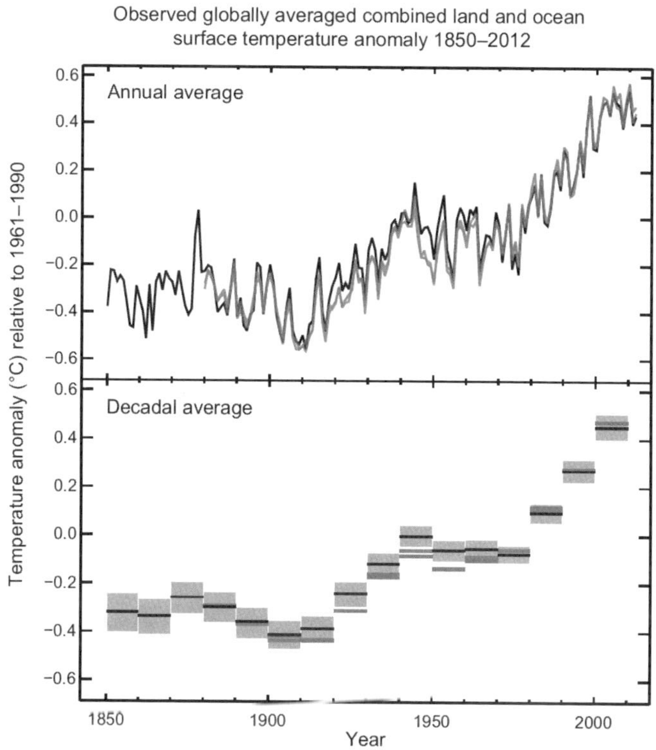

그림 10-2 세 가지 다른 고기후자료로부터 복원된 1850년부터 2012년까지 기온변화(값은 1961-1990년 평균값과의 차이) (IPCC 5차 보고서)

때, 2003-2012년 평균이 0.78도 상승하였다. 온도의 상승은 해양보다는 육지가 많은 북반구에서 더 강하게 나타났다. 다른 지역들과는 반대로 북대서양 그린란드 부근에서는 온도가 오히려 하강했는데, 이는 해수온도의 상승에 따라, 이 지역에서 해수가 심층으로 가라앉지 않게 되고 심층대류가 약화되어 북대서양을 덥혀주던 멕시코만류가 이곳까지 미치지를 못하게 되었음을 의미한다(II-1-6 참조). 빙하시대 이후의 영거드라이아스기의 발생 때보다는 훨씬 약하지만 같은 원리이다.

온난화에 따른 강수량의 변화는 전반적으로 비가 많이 오는 저기압대에서는 강수량이 더 증가하고, 비가 안 오는 고기압대에서는 강수량이 더 감소하는 경향, 즉 강수량의 편차가 더 커지는 경향을 보인다. 이는 지구온난화에 따라 대기의 순환이 강화되고, 증발과 강수도 강화되기 때문이다. 이로 인해 지중해연안, 미국 서부, 호주 등 현재에도 강수량이 부족한 지역에 더 심각한 물부족 사태가 우려되고 있다. 한편 동아시아와 같이 계절풍에 영향을 받는 지역에서는 여름철 대륙과 해양의 온도차가 커짐에 따라 계절풍이 강화되어 이들 지역의 강수량이 증가하게 된다. 강수량의 변화는 대기순환의 패턴의 변동에 의해 현재 저기압지역이 고기압으로 바뀌면서 발생할 수도 있다. 기후최적기 이후 고기압대가 남하하면서 사하라사막이 생겨났던 것이 좋은 예이다. 20세기에도 사하라사막의 고기압대가 다시 남하하면서, 사막남부의 사헬지방은 이미 강수량의 감소로 심각한 기근의 위기에 직면해 있다.

그러면 지구온난화는 미래에 지구의 기후를 어떻게 바꾸어 놓을 것인가? 이를 위해서 우리는 그동안 기상학자들을 중심으로 개발된 기후모델의 예측결과로부터 어느 정도 예상할 수 있다(II-3-2 참조). 매우 복잡한 기후시스템을 다루는 관계로 모델자체에의 불확실성도 크지만, 불확실성을 더욱 증가시키는 요인은 향후 이산화탄소의 방출이 어떻게 바뀔까 하는데 대한 예측이 매우 어렵다는 점이다. 인간의 노력에 의해 방출량을 상당히 줄일 것인지, 아니면 아무런 규제 없이 방출량이 지금보다도 훨씬 더 많아질 것인지에 따라 미래기후의 예측 값이 달라질 것이다. 따라서 IPCC 5차 보고서에서는 다양한 온실기체 방출 시나리오에 따라, 인정된 다양한 기후모델의 평균값으로 미래 기후변화예측정보를 제공한다. 그림 10-3은 각각 전구평균기온과 빙하에 덮인 면적의 시간변화를 보여주고, 그림 10-4는

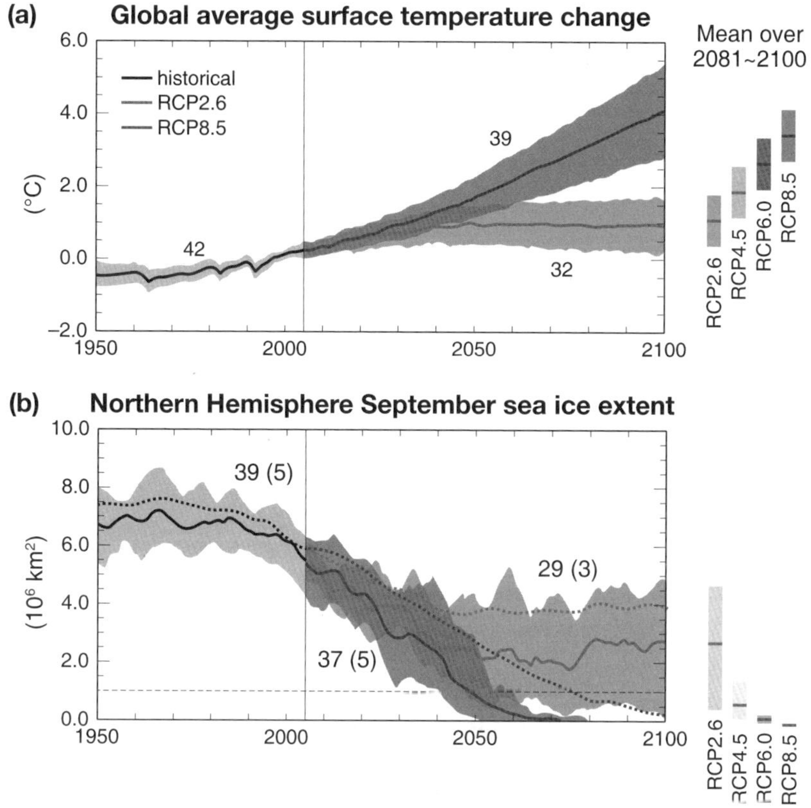

그림 10-3 기후모델에 의해 예측된 (a) 전구평균 지표면온도, (b) 북반구 9월 해빙면적(IPCC 5차 보고서).

기온과 강수량 변화의 분포를 보여주고 있으며, 마지막으로 그림 10-5은 전구평균해수면상승의 시간변화를 보여준다. 여기서 RCP 2.6과 RCP 8.5는 향후 온실기체의 배출을 최소로 줄였을 경우와 전혀 규제 없이 계속 증가시켰을 경우를 각각 나타낸다. 예측된 기후변화는 특히 우리가 온실기체방출억제를 위한 노력을 기울이지 않는다면(RCP 8.5), 지구온난화는 더욱 가속화될 것이라는 것을 보여준다. 기상학자들에 의하면, 지구온난화가 어

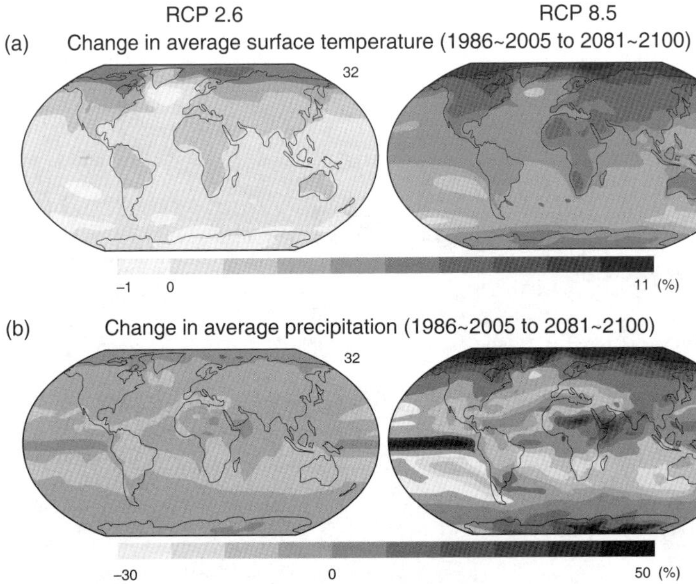

그림 10-4 기후모델에 의해 예측된 (a) 기온, (b) 강수량의 변화(IPCC 5차 보고서).

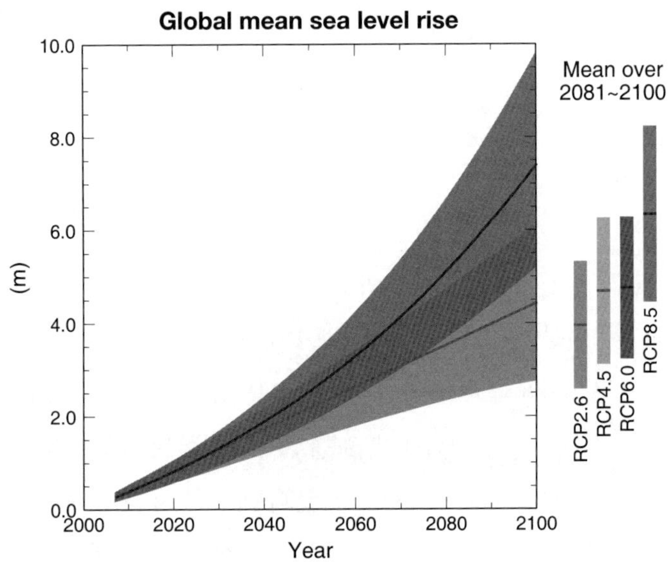

그림 10-5 기후모델에 의해 예측된 해수면온도 상승(IPCC 5차 보고서).

느 한계점(tipping point) 이상으로 진전되면, 빙하시대이후 영거드라이아스기에 나타났던 것처럼 기후가 돌이킬 수 없는 상태로 변해버릴 위험성도 존재한다고 한다.

2 지구온난화에 대한 인류의 대응

현저한 기온상승이 나타나기 시작한 1980년대 이후, 인류는 지구온난화가 실제로 어떻게 일어나고 있으며, 인류에는 어떠한 영향을 미치게 될 것인지에 대해 많은 관심을 가지기 시작하였다. 1988년 UN총회의 결의에 의해 지구온난화에 따른 기후변화와 이의 정치, 경제적 영향에 관한 객관적이고, 과학적인 정보를 제공하기 위한 국제협력기구인 IPCC(Intergovernmental Panel on Climate Change)를 설립하여, 현재까지 5회에 걸쳐 보고서를 발간하였다. 2013년 발간된 5차보고서에 의하면, 현재의 대기 중의 이산화탄소의 농도는 지난 80만 년 간 가장 높은 수준이며, 1950년대 이후의 기온상승은 온실기체배출에 의한 것이 거의 확실하다고 기술하고 있다. 이에 대해 국가적 차원에서 농업, 수산업 등을 비롯한 산업 전반에서 변하는 기후에 대응하기 위한 많은 연구가 이루어지고 있으며, 또 자동차, 발전소 등을 비롯한 여러 분야에서 온실기체배출감축을 위한 노력이 이루어지고 있다.

그러나 온실기체배출감축의 어려운 점은 어느 특정국가의 노력으로는 해결될 수 없고 전 지구의 모든 국가가 함께 협력해서 해결해야 할 문제라는 점이다. 1992년 인류역사상 처음으로 기후변화에 대비한 온실기체 배출 저감을 목적으로 브라질 리우데자네이루에서 기후회의를 개최하였다. 이후 1997년 선진국을 대상으로 구속력 있는 감축목표를 설정한 교토협약

(Kyoto Protocol)을 체결하였으나, 미국의 탈퇴 등의 이유로 실패하였으며, 2015년에는 현재 이산화탄소 배출량이 가장 많은 중국과 미국이 참여하는 파리협약(Paris Agreement)를 체결하였으나, 이것이 실제로 실현될 수 있을지는 미지수이다.

인류는 역사상 단 한 번도 지구 전체의 환경을 위하여 국가의 이익을 희생해본 경험이 없다. 심지어 미국의 부시 전대통령은 지구온난화보다는 미국의 경제가 더 중요하다고 노골적으로 언급한 적도 있다. 인류에게 처음 닥친 지구전체의 환경문제를 극복하기 위해서는 지금까지 국가이익만을 추구하던 사고를 벗어나, 새로운 사고의 패러다임이 필요할 것으로 예상된다. 사실 국제적인 협력으로 전 지구 환경문제를 해결한 사례가 아주 없는 것은 아닌데, 1987년에 오존층을 파괴하는 CFC(cholorofluorocarbons, 염화불화탄소)의 배출을 금지하는 몬트리올협약(Montreal Protocol)이 그 예이다. 1966년 남극의 성층권의 오존층에 구멍이 생겼다는 사실을 발견하였으며, 이는 냉매제로 널리 사용되던 CFC가 그 원인이라는 것으로 과학적으로 밝혀냈다. 자외선이 성층권에서 흡수되지 않고, 지표면까지 도달하게 되면, 생태계에 많은 피해가 예상되어 CFC의 배출을 금지하는 몬트리올협약이 체결되었고, 이후 오존층은 다시 복원되고 있다. 그러나 CFC는 경제활동 전반에서 배출되는 이산화탄소와는 달리 냉매제 생산이라는 특정한 공정과정에 한정되어 있었으며, 오히려 대체냉매를 개발하여 후진국에 강요함으로써 미국을 중심으로 한 선진국이 경제적인 희생을 감수해야할 이유가 없었다.

3 맺음말

지금까지 다룬 기후의 변화와 인류문명의 변천을 비교해보면, 우리는 둘 사이의 부정할 수 없는 뚜렷한 상관성을 발견할 수 있다. 기후가 온난, 다습한 시절(로마온난기, 중세온난기)에는 안정된 정치체제가 장기간 유지되었으며, 장거리 교역이 번성하였다. 반면 기후가 악화되었던 시절(한랭건조기, 소빙하기)에는 대규모의 혼란과 침입, 민족의 이동, 문명의 붕괴 등이 일어났다.

한편, 인류는 혹독한 기후를 극복하는 과정에서 새로운 기술을 탄생시켜 문명단계로 도약하는 계기로 만들었다. BC 9000년경 영거드라이아스의 혹한기를 극복하면서 농업이 탄생되고, BC 3000년경 건조화를 극복하면서 고대문명이 탄생하고, BC 2000－500년 동안의 한랭, 건조한 기후 아래의 혼란기 동안 철기문명이 탄생하였다. 산업혁명이 일어나고, 근대사상이 도입된 것도 소빙하기동안이었다. 영국의 문명사가인 토인비의 문명은 당면한 어려움에 대응하여 극복하는 과정(challege－and－response)을 통하여 발전한나는 수상의 의미를 다시 한 번 깨달을 수 있게 하여준다. 그렇다면, 만약 이러한 기후변화가 없었다면 농업의 탄생이나 고대문명의 탄생과 같은 인류의 도약이 나타나지 않았을까? 많은 시간이 흐른 뒤, 궁극적으로 세계 각지에서 다양한 농업이 발생하였으며, 또 신대륙에서는 자생적으로 새로운 문명이 탄생하였다는 사실은 아마도 기후변화 없이도 인류는 궁극적으로는 언젠가는 보다 고도의 문명단계로 진전하였을 것이라는 점을 짐작하게 해준다. 그러나 기후변화는 어느 특정한 시기에 특정한 장소에서 인류문명의 급속한 발전을 가져오게 되는 촉매제 역할을 하였으리라 여겨진다.

한편, 우리는 메소포타미아문명, 인더스문명, 마야문명, 그린란드의 바이킹족 등 기후변화에 적절히 대응하지 못한 채 문명의 붕괴로 이른 많은 경우를 볼 수 있었다. 특히 벌목, 토양의 황폐화 등으로 환경이 파괴되어, 기후변화에 대한 대응력이 매우 취약해진 상태에 놓여 있으면, 문명은 기후변화를 극복하지 못하고 붕괴하게 됨을 알 수 있었다. 현재의 급격한 기후변화는 우리가 어떻게 대처하고, 극복하느냐에 따라 문명붕괴로 이끄는 인류문명의 위기일 수도 있고, 보다 높은 단계의 문명단계로 도약할 수 있는 기회일 수도 있을 것이다.

기후변화와 인류문명에 대한 이해를 위해서는 기상학, 지질학, 고고학, 인류학, 역사학, 경제학, 사회학 등의 다양한 분야의 지식의 협력이 필요하다. 특히 최근 활발하게 이루어지고 있는 고기후의 복원은 인류문명 각 발전단계의 배경이 되었던 기후상태에 대한 중요한 정보를 제공해 줄 수 있을 것으로 기대된다. 기후변화가 인류문명에 어떠한 영향을 끼치고, 또 인류는 기후변화에 어떻게 대응해 왔는가에 대한 보다 정확한 이해를 통하여 우리는 기후변화의 위기에 당면한 21세기 현대문명이 나아갈 방향에 대한 해답의 열쇠를 기대할 수 있다.

Ⅱ. 기후의 과학

1. 기후는 어떻게 결정되는가?
2. 기후는 왜 변하는가?
3. 과거기후의 복원과 미래기후의 예측

제 1 장

기후는 어떻게 결정되는가?

1 기후시스템

기후(climate)와 날씨(weather)는 인간생활에 밀접하게 연관되어 있다. 날씨는 하루하루의 대기의 변동 상태를 가리킨다면, 기후란 날씨의 통계적 특성을 의미한다. 즉 특정한 날 덥고, 비가 오는 것이 날씨라면, 그 지역의 평균 온도와 강수량은 기후라고 할 수 있다. 즉 우리가 주사위를 던질 때마나 나오는 숫자가 날씨라면, 그 숫자들의 평균값이나 분산은 기후라고 할 수 있겠다.

기후를 결정하는 요소들, 즉 기온, 바람, 강수, 습도, 구름 등은 대기의 상태를 나타내지만, 이러한 대기의 상태는 대기자체뿐만 아니라, 해양, 지표면, 빙하, 생태계 등과 밀접하게 상호작용을 하면서 결정된다. 따라서 기후를 이루는 기후시스템은 대기를 이루는 기권(氣圈, atmosphere), 수권(水圈, hydrosphere), 빙권(氷圈, cryosphere), 지권(地圈, lithosphere), 생권(生圈, biosphere)의 다섯 개의 권역으로 이루어진다(그림 1–1).

기권은 지구를 덮고 있는 얇은 층으로 고도가 증가함에 따라 대류권, 성층권, 중간권, 열권 등으로 나뉘는데, 기후와 관련 있는 구름, 비를 포함한

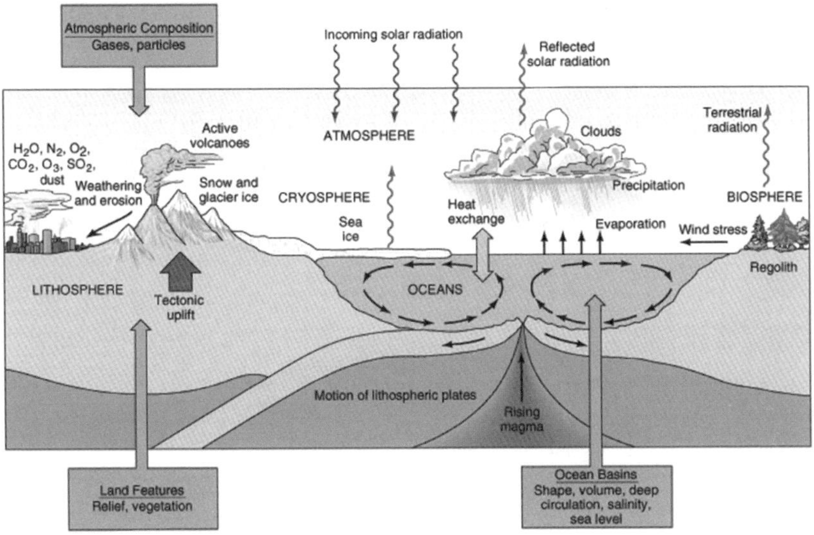

그림 1-1 기후시스템[88]

모든 기상현상들은 약 고도 10km까지 미치는 대류권에서 일어난다. 대류권에서는 온도가 위로 올라갈수록 감소하며, 성층권에서는 반대로 위로 올라갈수록 증가한다. 대류권에서는 태양으로부터 온 복사에너지, 즉 태양열을 가장 많이 흡수하는 곳이 지표면이기 때문에 고도가 증가할수록 지표면에서 멀어지면서 온도가 감소한다. 반대로 성층권에서는 오존에 의해 태양열을 흡수하는데, 고도가 증가할수록 오존의 농도가 증가하고, 따라서 온도가 증가한다.

수권은 강, 호수 등을 포함한 물로 이루어진 모든 영역을 포함하지만, 그 97%를 해양이 차지하고 있다. 해양은 지구 표면의 약 71%를 덮고 있다. 해류가 흐르면서 열을 전달하고, 또 해수면을 통해 대기와 항상 열, 운동량, 수분을 교환하는 해양은 기후에 매우 중요한 영향을 미친다. 대기에서는 최하층의 지표면에서 태양열을 가장 많이 흡수하는데 반해, 해양에서는 최상층의 해수면에서 태양열을 가장 많이 흡수한다. 따라서 위쪽의 물이 가벼운 해양에서는 아래에서 열을 받는 대기에 비해 일반적으로 안정된 상태를 유지하고 있다. 해수면부근에서는 온도가 높고, 수심이 깊어질수록 온도가 낮아져 수심 2000m 이하에서는 대부분 태양열의 혜택을 못 받는 상태로 매우 낮은 온도를 유지하는데 이를 심층이라 부른다. 해수면부근 태양열에 직접 영향을 받고 난류(亂流, turbulence)가 강해 강한 혼합이 일어나는 해양혼합층, 해양혼합층과 심층 사이 온도의 감소가 일어나는 층을 수온약층(水溫躍層; thermocline)이라 부른다.

해양은 기후시스템을 안정되게 유지시키는 중요한 역할을 한다. 물의 비열은 공기의 약 1000배로서, 같은 양의 열을 받더라도, 대기에 비해 해양은 온도변화가 매우 작다. 따라서 대기 전체를 1도 올리는데 필요한 열량은 해양 2.5m 두께를 1도 올리는데 필요한 열량과 같다. 해양이 태양열을 받아 온도가 올라가면, 증발을 하여 구름을 생성하고, 구름은 태양열을 차단하여 다시 온도를 낮추는 음의 되먹임작용(negative feedback)을 하여 기온의 변화를 억제하는 역할을 한다. 한편 해류는 적도의 열을 고위도로 전달시켜, 위도 간의 온도 차이를 작게 해준다. 뿐만 아니라 해양은 대기로 방출된 이산화탄소를 약 반 정도 흡수해서 온실효과에 의한 지구온난화를 완화시켜주는 역할도 한다. 즉 만약에 해양이 없었다면, 지구는 한서의 차도 매우 크고, 적도와 극지방의 기온차도 훨씬 크고, 또 지구온난화도 훨씬 더 크게 발생하게 될 것이다.

빙권은 그린란드와 남극을 포함, 빙하, 눈, 해빙에 의해 덮인 지역을 의미한다. 빙하로 지표가 덮이게 되면, 태양으로부터 받는 복사에너지를 더 많이 반사하여 지구의 온도를 더 낮추는 역할을 한다. 태양 복사에너지를 반사하는 비율을 알베도(albedo)라고 부르는데, 지표면 평균 0.3인데, 해양은 0.08인 반면, 빙하는 0.9의 값을 갖는다. 즉 해수면에서는 태양복사에너지를 거의 흡수하는 반면, 빙하는 거의 반사해 버린다. 결과적으로 추워져서 빙하로 덮이게 되면, 지구가 태양복사에너지를 받는 양이 감소하여 더 추워지게 된다. 우리는 이와 같이 빙하의 증가와 기온의 감소가 서로 간에 변화를 더 가속화시키는 것을 양의 되먹임작용(positive feedback)이라고 부른다. 이런 과정을 통해, 지구의 기후를 안정하게 유지시켜주는 해양과는 반대로 빙권은 지구 기후의 작은 변화를 증폭시키는 역할을 한다. 한편, 해빙은 대기와 해양 사이의 열교환을 차단하여, 대기의 온도가 영하 수십 도까지 떨어져도, 그 영향이 해양에 직접 미치는 것을 막아주기도 한다.

지표면을 이루는 지권은 해양과 마찬가지로 대기와 항상 열, 운동량, 수분을 교환한다. 이러한 교환은 사막이나 숲, 또는 도시 등 지표면의 상태에 따라 달라진나. 지권으로부터 가장 강력하게 기후에 영향을 주는 현상은 화산폭발이다. 강력한 화산은 대류권 상부와 성층권까지 화산재를 방출하고, 이는 대기이 순환을 타고 전 지구를 뒤덮어, 태양복사에너지가 들어오는 것을 차단하여 기온을 하강시킨다.

생권은 지구상의 모든 생명체를 포함한다. 생명체는 위에 언급한 다른 기후시스템의 절대적인 영향 아래 존재하지만, 역으로 생권이 기후에 영향을 미치기도 한다. 그중 가장 중요한 것이 이산화탄소를 흡수하는 광합성 현상으로, 만약 생권이 없었다면 지구상의 이산화탄소의 비율이 훨씬 더 높은 값을 가지고, 따라서 지구온난화도 더 심각하게 나타나게 될 것이다. 또 생권은 수분을 보존하고, 공급하는 역할을 하기도 한다.

2 대기와 해양의 운동을 유발하는 힘

대기와 해양의 운동은 모두 같은 유체역학적인 원리에 의해 움직인다. 유체역학이란 물이나 공기와 같이 흐르는 물질의 운동을 예측하는 물리학의 한 분야이다. 유체의 속도는 외부의 힘을 받아 변하게 되는데, 대기와 해양의 운동에 영향을 주는 가장 중요한 힘은 압력경도력(壓力傾度力, pressure gradient force, 또는 기압경도록), 전향력(轉向力, Coriolis force), 부력(浮力, buoyancy force), 마찰력(摩擦力, frictional force, 또는 점성력) 등이 있다.

압력이란 유체덩어리의 면에 수직으로 가하는 힘이다(그림 1-2). 우리는 그림에서와 같이 양쪽 면에서 가하는 힘이 같을 경우에는 유체가 움직이지 않지만, 다르면 압력이 큰 쪽에서 작은 쪽으로 움직일 것을 예상할 수 있다. 따라서 우리는 압력의 차이에 의해서 발생하는 힘을 압력경도력이라 부른다. 이에 따라 공기는 고기압에서 저기압으로 힘을 받아 흐르게 된다. 압력의 차가 클수록 압력경도력의 크기는 더 커진다. 또 지표면에서 압력의 차는 그 위의 공기의 무게의 총합에 의해 결정되므로, 수평방향으 로 온도차가 클수록 압력차도 커진다.

전향력이란 지구의 자전 때문에 생기는 힘으로 유체의 속도가 앞으로

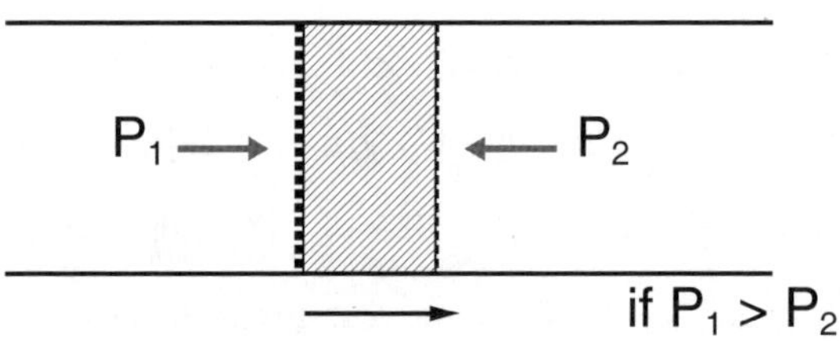

그림 1-2 압력경사도 (P_1과 P_2는 각각 유체덩어리의 양면에 미치는 압력)

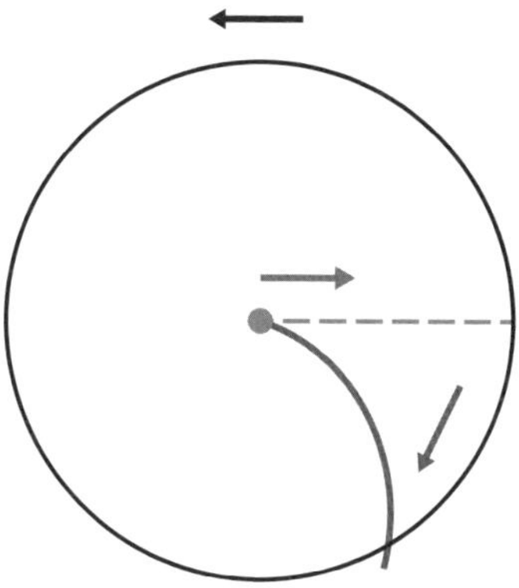

그림 1-3 전향력

향할 때, 북반구에서는 오른쪽으로 남반구에서는 왼쪽으로 휘도록 작용을 한다. 그 이유는 그림 1-3으로부터 이해할 수 있다. 만약 북극에서 공을 던져 적도까지 갈 수 있다면, 실제로는 남쪽 방향으로 직진하지만(쇄선), 그 동안 지구가 자전을 함으로써 같은 지표면 위에 서서 지구와 같이 돌면서 볼 때에는 오른쪽으로 휘면서 나가는 것처럼 보이게 될 것이다(실선). 좀 더 이해하기 어렵지만, 동서 방향으로 던진 공도 마찬가지로 오른쪽으로 휘게 된다. 전향력은 이를 처음 이론적으로 연구한 프랑스의 수학자 코리올리(Coriolis)의 이름을 따라 코리올리스힘이라고도 부른다. 전향력의 크기는 주어진 위도의 평면에서 지구의 자전속도와 움직이는 물체의 속도에 비례한다. 주어진 위도평면의 자전속도는 적도에서는 없고, 고위도로 갈수록 증가한다(공중에 떠서 한 방향으로 서 있다고 가정을 해보자. 적도에서는 하루 종일 같은 경치를 볼 것이고, 극에서는 360도 회전하면서 경치를 보게 될 것이다.). 따라서 전향력도 적도에서는 없고, 위도가 증가할수록 증가한다.

부력이란 중력에 의해 유체덩어리의 밀도가 주위보다 가벼우면 떠오르

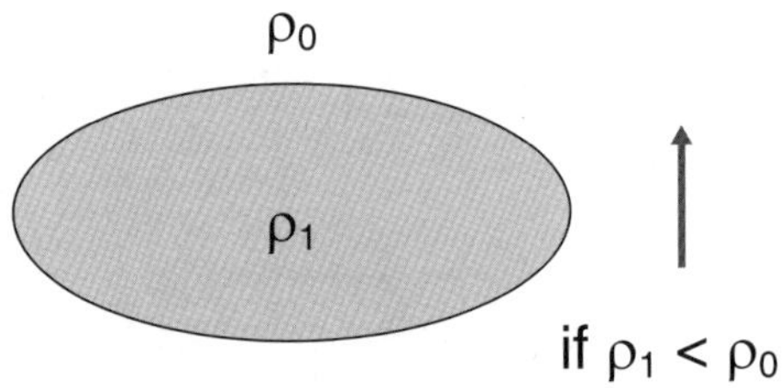

그림 1-4 부력 (ρ_0는 주위 유체의 밀도, ρ_1은 유체덩어리의 밀도)

고, 무거우면 가라앉는 힘을 의미한다(그림 1-4). 대기에서 공기의 밀도는 온도와 습도에 의해서 결정되고, 해양에서 해수의 밀도는 온도와 염도(salinity)에 의해서 결정된다. 이 원리에 의해 열을 받아 공기가 가벼워지면 상승해 구름을 만들고, 또 표층의 해수가 냉각되어 무거워지면 심층으로 가라앉게 된다.

마찰력은 접한 두 물질이 속도가 다를 때, 분자운동에 의해 속도를 같게 하려는 힘이다(그림 1-5). 분자운동에 의해 온도가 다른 두 물질의 온도가 같아지는 전도와 같은 원리이다. 이로 인해 대기에서 정지된 지표면에 접

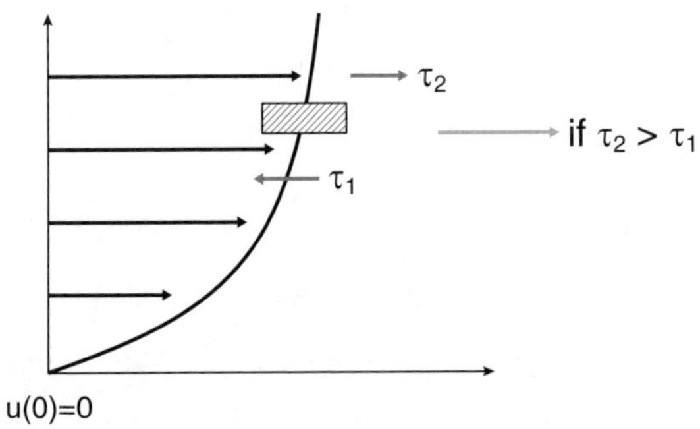

그림 1-5 마찰력(τ_1은 유체덩어리보다 속도가 작은 아래쪽 유체가 뒤로, τ_2는 속도가 큰 위쪽 유체가 앞으로 당기는 힘)

근하면, 풍속이 감소하게 된다. 비행기 등 어떤 물체가 움직일 때, 속도가 감소하는 것도 주위의 정지된 유체와의 마찰력 때문이다. 만약 비행기의 속도와 바람의 속도가 같다면 마찰력을 받지 않는다. 해양에서는 바람이 불면 해수면 부근에서 바람에 끌려 유속이 발생하는 것도 마찰력 때문이다. 중요한 사실은 마찰력은 두 물질이 접하는 경계면에서 가장 큰 값을 갖고, 경계면에서 멀어지게 되면 없어지게 된다. 두 물질의 속도를 같이하려는 힘은 유체가 엿기름처럼 끈적끈적할수록 더 커진다. 따라서 우리는 마찰력을 점성력(粘性力, viscous force)라고 부르기도 한다.

대기와 해양의 운동은 위의 네 가지 힘에 의해 결정되게 된다. 그러나 적도가 아닌 경우에(위도 5도 이상), 경계면에서 멀어져 마찰력이 무시되고, 밀도변화가 작아 부력이 무시되면, 운동은 압력경도력과 전향력의 균형에 의해서 결정되는데, 이를 지균류(地均流, geostrophic current, 또는 지균풍)라고 부른다. 지구상에 나타나는 대부분의 큰 규모의 바람과 해류는 지균류의 형태를 띠고 있다. 그림 1-6은 대기에서 지균풍이 어떻게 발생하는지를 보여주고 있다. 정지 상태에서 압력경도록을 받은 때, 처음에는 속도가 없어

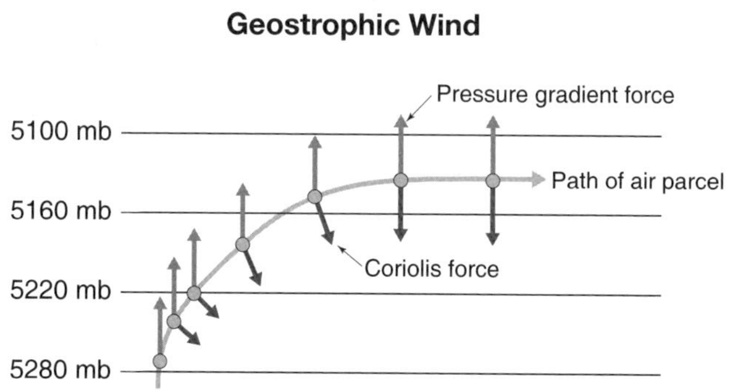

그림 1-6 지균풍

전향력은 없이 고기압에서 저기압으로 바람이 발생한다. 바람이 발생하면, 전향력에 의해 오른쪽으로 휘게 된다. 점점 오른쪽으로 휘다가, 바람이 등압선과 평행하게 불게 되면, 압력경도력과 전향력이 정확히 크기가 같고, 방향이 반대로 되면서 균형을 이루고 더 이상 바람의 방향이 바뀌지 않게 된다. 이 때 전향력의 크기는 풍속에 비례하므로, 기압경도력이 클수록 풍속도 커지게 된다. 지균풍의 중요한 특징은 등압선에 평행하게 불고, 그 크기는 기압경도력에 비례한다는 점이다. 따라서 우리는 기압도를 보면 바람의 크기와 방향을 알 수 있다.

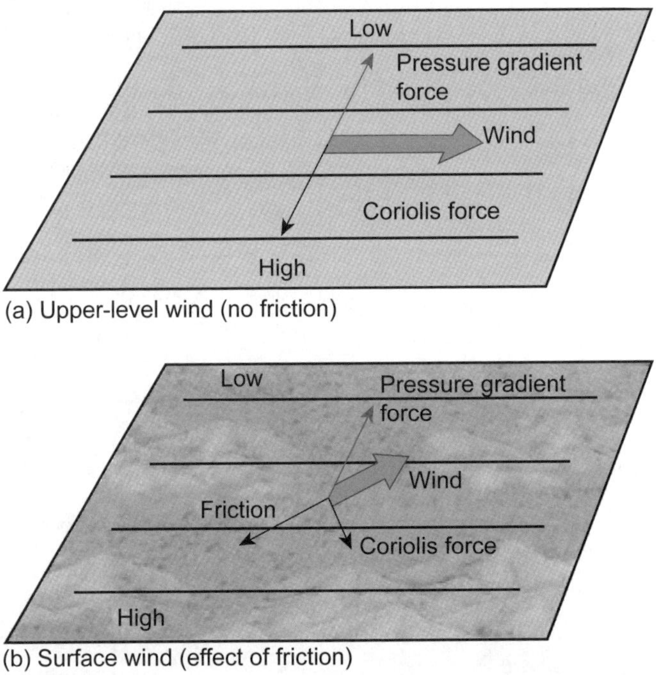

그림 1-7 (a) 압력경도력과 전향력이 균형을 이루었을 경우(지균풍), (b) 지표면 부근에서 마찰력이 있을 경우

그러나 지표면에 가까이 오게 되면, 마찰력이 중요해진다(실제 이 마찰력은 분자운동에 의한 것이 아니라 난류운동에 의한 것이다.) 여기서 마찰력은 풍속을 감소시키는 방향, 즉 바람의 반대 방향으로 향하게 된다(그림 1-7). 이 경우에는 기압경도력, 전향력, 그리고 마찰력이 균형을 이루게 되어, 바람의 방향이 더 이상 등압선에 평행하지 않고, 고기압에서 저기압으로 휘어지게 된다. 즉 지표면에 가까이 올수록 풍속이 작아지고, 풍향은 등압선 방향에서 등압선에 수직한 방향, 즉 고기압에서 저기압쪽으로 점점 더 휘게 된다. 우리가 잘 알고 있듯이, 고기압에서는 지표면에서 하강기류가 발생하고, 저기압에서는 지표면에서 상승기류가 발생하는데, 사실 그 이유는 마찰력이 존재하기 때문이다(그림 1-8). 마찰력이 없는 지균풍의 경우 등압선을 따라 바람이 분다. 마찰력에 의해 지표면부근에서 고기압에서 저기압으로 바람이 불게 됨에 따라, 고기압에서는 지표면 부근에서 대기가 발산하여 하강기류가 발생하고, 저기압에서는 수렴하여 상승기류가 발생한다. 구름이 생기고,

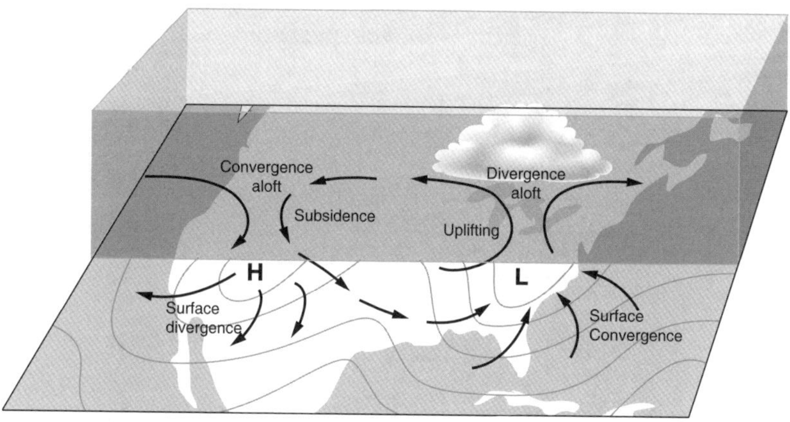

그림 1-8 지표면의 마찰력에 의한 고기압에서 대기의 발산과 하강기류, 저기압에서 대기의 수렴과 상승기류의 발생

비가 오기 위해서는 반드시 상승기류가 있어야 한다. 따라서 비와 구름은 항상 저기압에서만 발생한다. 이에 관해서는 1-4장에서 자세하게 다룬다.

해양에서도 유사한 현상이 나타난다. 해수면에서 멀어지게 되면, 해류가 지균류의 형태를 가지게 된다. 그러나 해수면에 접근하면, 바람에 의한 마찰력의 영향을 받게 된다. 특히 압력경도력이 없는 경우, 즉 지균류가 없는 경우를 생각해보면, 해류의 방향은 바람 방향으로 해류를 흐르게 하려는 마찰력과 해류와 수직한 방향으로 힘을 가하는 전향력의 균형에 의해 바람방향의 오른쪽으로 휘어지게 된다(그림 1-9). 수심이 깊어짐에 따라, 마찰력이 약해지면서, 해류는 점차적으로 그 속도는 작아지고, 바람방향으로부터 점점 더 오른쪽으로 휘게 된다(남반구에서는 왼쪽). 옛날부터 노르웨이의 어부들에게는 북해에서 떠내려오는 해빙이 바람이 부는 방향이 아니라, 각

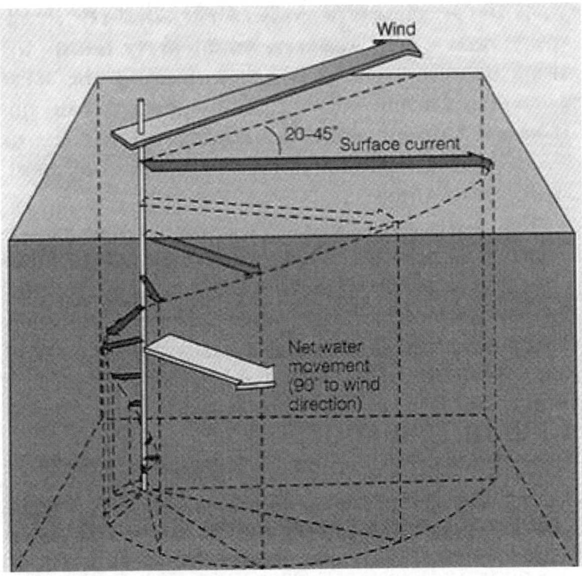

그림 1-9 해양의 에크만층에서의 깊이에 따른 유속의 변화와 에크만수송

도를 가지고 비스듬히 흘러가는 현상이 알려져 왔는데, 이에 착안하여 노르웨이의 기상학자였던 에크만(Ekman)이 이 이론을 생각하게 되었다고 한다. 우리는 대기/해양의 경우 모두 지표면/해수면에 가까워지면서 마찰의 영향으로 바람/해류의 유속과 방향이 바뀌는 것을 알았다. 이와 같이 경계면 부근에서 연직방향으로 해류의 유속과 방향이 변하는 나선구조의 층을 통틀어 에크만층이라 부른다.

이로부터 나오는 매우 중요한 결과는 에크만층에서 발생하는 해류에 의한 해수의 수송을 에크만층 전체에 대해 연직평균을 해보면, 우리의 상식에 반해, 바람과 수직한 방향, 즉 오른쪽으로 발생한다는 사실이다. 이를 에크만수송(Ekman transport)라 부른다. 특히, 그림처럼 연안을 따라 바람이 불게 되면, 해수가 표층에서 먼바다 쪽으로 흘러가게 되고, 연안부근에서는 이를 채워주기 위해 심층에 해수가 올라오게 된다. 이를 용승(湧昇;

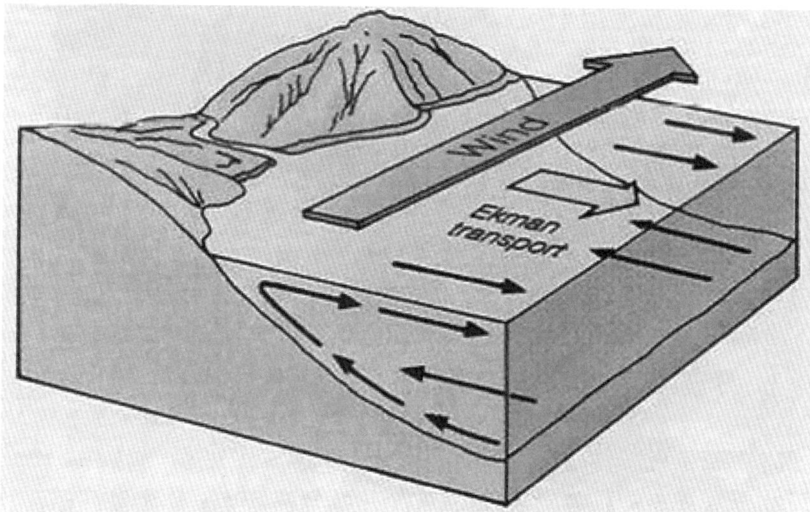

그림 1-10 연안용승의 발생

upwelling)이라고 부른다. 남북아메리카대륙의 서해안은 록키산맥, 안데스산맥 등의 큰 산맥으로 인하여, 바람이 해안선에 평행하게 부는데, 이로 인해 이러한 용승현상이 해안을 따라 나타나고 있다. 해양은 깊어질수록 죽은 해양생물의 침강으로 영양분이 많은 반면, 태양복사에너지가 미치지 못해 수온이 낮다. 따라서 용승이 발생하면, 주위보다 수온이 낮고, 좋은 어장을 형성하게 된다. 또 수온이 낮아지게 됨에 따라, 증발량도 감소하여, 용승이 일어나는 곳은 상대적으로 기온과 강수량이 낮아지게 된다. 그 전형적인 예가 남미 페루의 앞바다인데, 엘니뇨가 발생하면, 이러한 용승이 멈추게 된다. 이는 제 2–3장에서 자세히 설명한다.

3 대기와 해양에서의 열전달 과정

이 세상의 모든 열은 전도(傳導; conduction), 대류(對流; convection), 복사(輻射; radiation)의 세 과정에 의해서 전달된다. 전도는 물질자체는 움직이지 않고, 분자운동에 의해 열이 전달되는 과정이다. 반면에 대류는 유체가 직접 움직이면서 열을 전달하는 과정이다. 고체의 경우에는 전도에 의해서만 열이 전달될 수 있다. 유체(기체와 액체)의 경우 전도와 대류 모두에 의해 열이 전달될 수 있으나, 일반적으로 대류에 의한 열전달이 훨씬 크다. 만약 수조에 있는 물을 밑에서 열을 가하면 아래에 있는 물이 가벼워져 유체운동을 발생시키고, 대류에 의해 활발하게 열이 위로 전달된다. 그러나 반대로 위에서 열을 가하면, 위에 있는 물이 가벼워져 아무런 유체운동을 발생시키지 않고 정지되어 있는 채, 오로지 전도에 의해서만 서서히 열이 전달된다. 누구나 다 잘 알고 있듯이 열은 아래에서 열을 가했을 때가 대류에 의

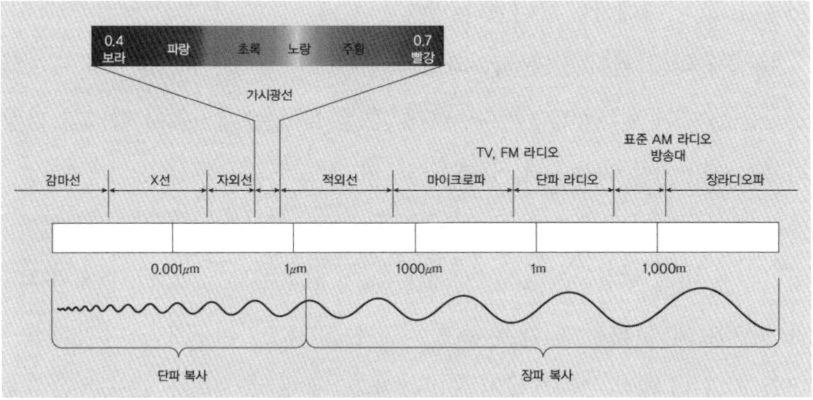

그림 1-11 파장의 크기에 따른 다양한 전자파

해 훨씬 더 효율적으로 전달된다.

복사는 중간에 아무런 매질도 필요 없이 전자파에 의해 열에너지가 전달되는 방법이다. 전자파란 전기장과 자기장이 진동을 하면서 빛의 속력으로 전파되며 에너지를 전달하는 과정이다. 우리가 빛이라고 부르는 가시광선(可視光線)을 포함해서 통신에 쓰이는 전파, 마이크로파, X선, 적외선, 자외선 등이 모두 전자파에 속한다(그림 1-11). 단지 그 파장(波長)이 다를 뿐이다(물리학적으로 파장이 짧아지게 되면, 진동수도 빨라지게 된다). 우리가 많은 전자파들 중에서 오로지 가시광선만을 볼 수 있는 것은 단지 우리의 눈이 이 파장 영역의 전자파를 감지할 수 있게 진화되었기 때문이다. 빛이 그러하듯이 복사는 전달하는 매질을 필요로 하지 않는다. 따라서 태양열이 진공상태인 우주를 지나 지구로 전달되기 위해서는 전도나 대류로는 불가능하고 오로지 복사에 의해서만 전달될 수 있다. 즉 태양열이란 태양복사에너지를 의미한다. 오히려 복사는 중간에 매질이 있으면 반사되거나 흡수되어 열의 전달을 방해받는다. 특히 해양에서는 태양복사에너지가 도중에 다 흡수되

어 수십 m 이하에서는 무시된다.

복사에 의해 열이 전달되는 과정을 이해하기 위해서는 몇 가지 복사의 법칙을 알아야 할 필요가 있다. 첫째, 모든 물체는 끊임없이 다양한 파장의 복사에너지를 방출한다. 둘째, 물체의 온도가 높을수록 단위면적당 더 많은 복사에너지를 방출한다. 즉 방출하는 에너지의 양은 물체의 절대온도의 4승에 비례한다(슈테판볼츠만 법칙; Stefan–Boltzmann's law). 따라서 표면온도가 5772K에 달하는 태양은 표면온도가 288K인 지구보다 단위면적당 16만 배나 더 많은 복사에너지를 방출한다. 셋째, 물체의 온도가 높을수록 복사가 최대가 되는 파장이 짧아진다(빈 법칙; Wien's law). 따라서 태양에서 나오는 전자파는 지구에서 나오는 전자파보다 훨씬 짧은 파장을 가지고 있다. 즉 태양에서 나오는 전자파는 가시광선 영역의 파장을 가지고, 지구로부터 나오는 전자파는 적외선 영역의 파장을 가진다. 우리는 태양복사를 단파복사, 지구로부터의 복사를 장파복사라 부른다. 단파복사는 태양복사에너지를 받을 수 있는 낮에만 존재하지만, 장파복사는 항상 존재한다. 우리 눈은 가시광선 영역에 있는 단파복사만을 감지하여 빛을 느끼지만, 일부 뱀이나 박쥐처럼 적외선을 감지할 수 있도록 진화된 동물도 있다. 마지막으로, 복사에너지를 잘 흡수하는 물체가 복사에너지를 잘 방출한다. 입사하는 모든 복사에너지를 완전히 흡수하는 물체를 흑체라고 부르며, 흑체는 단위온도에서 최대의 복사에너지를 방출한다.

그러면 지구에서 열전달은 어떻게 이루어지고 있는가? 그림 1–12는 태양에서 단파복사로 100이라는 복사에너지의 양이 들어왔을 때, 어떻게 100이라는 양이 다시 우주로 나가게 되는지, 지구에서의 열수지를 보여주고 있다. 만약 지구로부터 나가는 양이 100보다 커지면, 지구의 온도는 낮아지고, 100보다 작으면 지구의 온도는 올라갈 것이다. 100만큼의 태양으

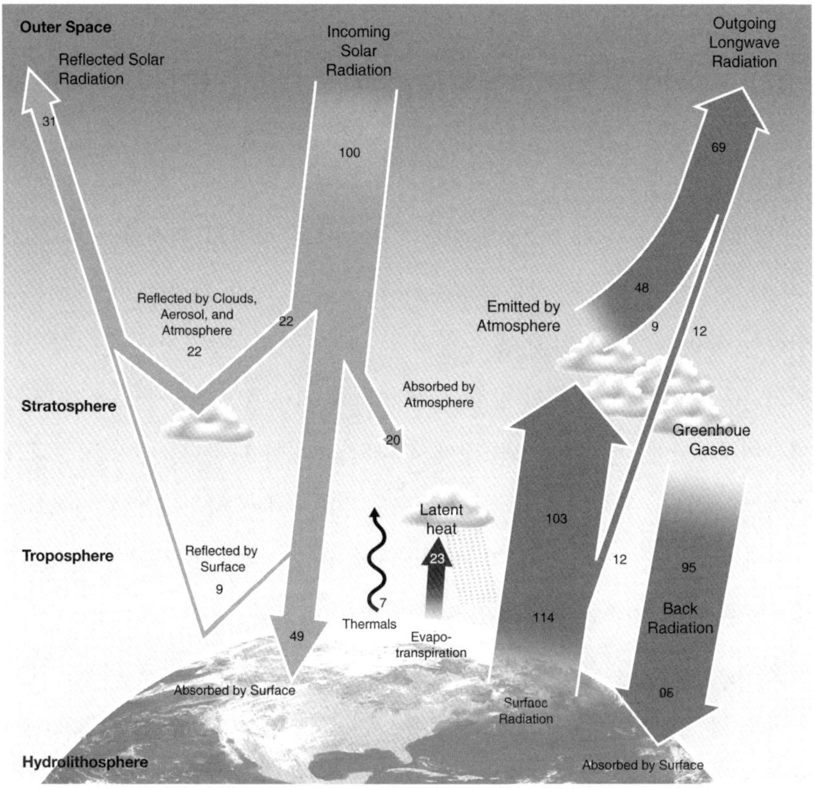

그림 1-12 지구의 열수지(heat budget)

로부터 단파복사에너지가 지구에 도착했을 때, 실제로 지표면에 흡수되는 양은 49밖에 안 된다. 대기를 통과하면서, 22의 양이 대기 중의 구름과 공기 중에 에어로졸(공기 중에 떠다니는 미세 입자)에 의해 반사 또는 산란되어 우주로 되돌아간다. 여기서 반사란 거울처럼 모든 광선이 한 방향으로 반사되는 과정을 말하고, 산란이란 물체에 부딪힌 광선이 모든 방향으로 흩어지는 과정의 말한다. 특히 화산이 폭발하여 공기 중에 에어로졸의 양이 급격히 증가하면, 이에 따라 지표면에 도착하는 태양복사에너지의 양을 감소시켜 기온의 하강을 유발한다. 또 복사에너지는 구름에 흡수되기도 한다. 구름과 에어로졸이 없는 공기에서도 태양에너지는 여전히 공기분자에 흡수된다. 흡수되는 총 양은 20이다. 공기분자에 의한 복사에너지의 흡수는 구름이나 에어로졸에 의한 복사에너지의 흡수와 다른 중요한 특징이 한 가지 있는데, 이는 그림 1-11에서 보여주는 모든 파장의 전자파를 다 흡수하는 것이 아니라, 흡수하는 공기분자의 종류에 따라 특정한 파장만 흡수한다는 점이다. 이로 인해 공기 중의 분자의 구성이 달라지면 흡수량에도 변화가 오게 된다. 이것이 온실효과에 의해 지구온난화를 유발하게 되는 이유이다. 이에 관해서는 2-1장에서 다시 자세히 다룬다. 대기를 통과하며 반사, 산란, 흡수되고 나서 지표면까지 도착하는 나머지 양이 58인데, 그중에서 또 다시 9의 양은 지구의 표면에서 반사된다. 반사되는 비율, 즉 알베도는 지표면 또는 해수면의 상태에 따라 다르다.

한편, 지구의 표면에서 대기로 나가는 양은 144이다. 이중 114은 장파복사로 나가는 양이고, 나머지는 현열(顯熱, sensible heat flux)과 잠열(潛熱, latent heat flux)로 각각 7과 23의 양이 나간다. 여기서 현열은 지구의 표면과 대기와의 온도차에 의해 직접 열이 전달되는 과정이고, 잠열은 수분이 지표면(또는 해수면)에서 증발해서 대기에서 응결을 하는 과정에서 증발 시에는 지표면(또는 해수면)으로부터 열을 빼앗고, 응결 시에는 대기로 열을 방출함으로써 결과적으로 열을 지표면(또는 해수면)으로부터 대기로 열을 전달하는 방법이다. 대기로 전달된 장파복사에너지 중 일부는 우주로 나가고, 일부는 지구의 표면으로 다시 되돌아온다. 여기에서 단파복사가 반사, 산란으로 되돌아 나가는 양 31, 대기에서 장파복사로 지구 밖으로 나가는 양 57, 지표면에서 장파복사로 직접 지구 밖으로 나가는 양 12를 합치면 지구로부터 나가는 총 양도 역시 100이 된다.

4 구름 및 강수과정

제 1-1장에서 구름과 비가 발생하기 위해서는 상승기류가 필수적이라고 언급했다. 그러면 왜 상승기류에서만 구름과 비가 발생하는가? 그 이유는 공기덩어리가 상승하면 온도가 내려가기 때문이다. 온도가 내려가는 가장 큰 이유는 단열팽창(斷熱膨脹; adiabatic expansion)이다. 주위와 열교환 없이 공기가 상승하면, 주위의 압력이 낮아져 팽창하게 된다. 팽창하는데 열에너지를 사용하게 되므로 온도가 내려간다. 이밖에도 공기가 상승하면서, 주위의 찬 공기와 섞이고, 복사냉각으로 식는 것도 온도가 내려가는 요인이 된다.

공기 중에는 항상 수증기를 포함하고 있는데, 주어진 온도에 최대로 포함할 수 있는 수증기의 양을 포화수증기압라고 하며, 그 값은 온도가 오를수록 증가한다(그림 1-13). 만약에 수증기를 많이 포함한 공기덩어리가 상승하게 되면, 온도가 내려가, 포화수증기압이 기존의 공기가 포함하고 있는

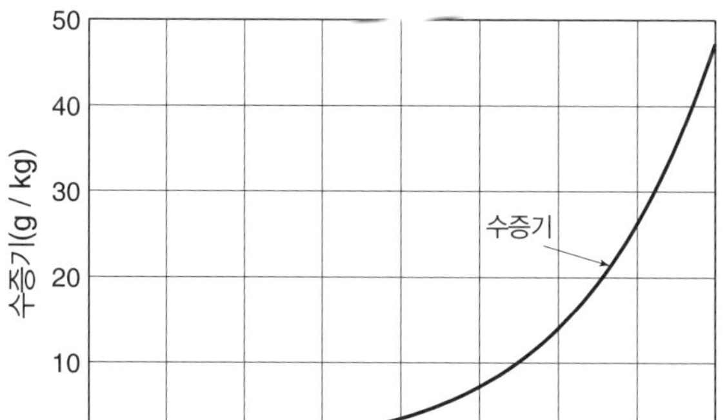

그림 1-13 온도의 증가에 따른 포화수증기압의 증가

수증기압보다도 작아지는 소위 과포화(過飽和, supersaturation) 상태에 이르게 된다. 그렇게 되면, 포화수증기압이상의 수증기는 물방울로 바뀌어야 한다. 이를 응결(condensation)이라 부른다. 이렇게 생겨난 매우 작은 물방울들의 모임이 하늘에 떠다니는 것이 바로 구름이다. 공기 중에 에어로졸이 있을 때는 그 표면에 수증기가 달라붙어 응결이 쉽게 일어나므로, 그렇지 않을 때 보다 구름이 발생하기 쉽다. 초기에는 구름 내 과포화상태아래서 응결에 의해 물방울이 서서히 성장하다가, 물방울이 어느 크기 이상 성장하면, 물방울끼리 충돌하면서 그 크기가 급속히 커지게 된다. 물방울이 너무 커져, 떠다니지 못하고, 중력에 의해 떨어지는 것을 우리는 비라고 부른다. 구름이 온도가 영하로 내려가서 얼음방울이 생기게 되면, 좀 더 복잡한 과정을 거친다. 또 상승기류 없이, 단지 지표면부근의 온도가 갑자기 하강하면, 지표면 부근에서도 구름이 발생할 수도 있는데, 우리는 이를 안개라고 부른다.

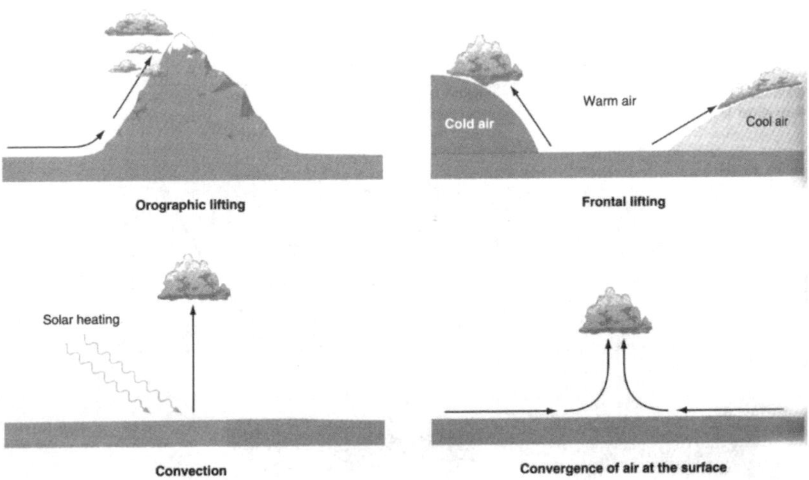

그림 1-14 상승기류를 발생시키는 요인들

(a)

(b)

그림 1-15 (a) 층운, (b) 적운

그러면, 어떤 경우에 상승기류가 발생하는가? 그림 1-14에서 보여주는 것처럼 크게 네 가지의 경우를 생각할 수 있다. 첫 번째, 공기덩어리가 태양복사에너지를 많이 받아 온도가 상승해서 가벼워져서 부력에 의해 상승하는 경우이다. 적도에서 흔히 나타난다. 두 번째는 양쪽으로부터 공기가 수렴하게 되면 밀려서 위로 올라가는 경우이다. 저기압에서는 공기의 수렴이 일어나는 경우가 이에 해당한다(그림 1-8 참조). 세 번째는 바람이 산을 만나 밀려서 올라가는 경우이다. 따라서 산악지형에서는 일반적으로 강수가 많다. 네 번째는 더운 공기와 찬 공기가 만났을 때, 더운 공기가 찬 공기위로 밀려서 올라가는 경우이다. 우리나라의 장마가 여기에 해당한다. 여기서 첫 번째 경우는 공기덩어리가 가벼워져 스스로 올라가는 경우이고, 나머지는 대개 큰 기단이 수동적으로 밀려서 올라가는 경우이다. 이 과정의 차이에 의해 발생된 구름도 다른 특징을 가지며, 전자를 적운(積雲, cumulus cloud), 후자를 층운(層雲, stratus cloud)라 부른다(그림 1-15). 여름날 흔히 볼 수 있는 뭉게구름이 적운에 해당하고, 하늘 전체를 회색으로 뒤덮은 구름이 층운에 해당한다. 적운은 주로 작은 규모로 연직방향으로 발달하고, 층운은 주로 큰 규모로 수평적으로 발달한다.

5 대기의 순환

지구 규모의 대기의 순환을 발생시키는 가장 근본적인 요인은 태양복사에너지를 받는 양의 위도에 따른 차이다. 태양복사에너지를 많이 받는 적도의 더운 공기가 상승하고, 극지방에서는 찬 공기가 하강하여 대기의 순환을 시작한다(그림 1-16a). 만약 지구가 회전하지 않는다면, 적도에서 상승

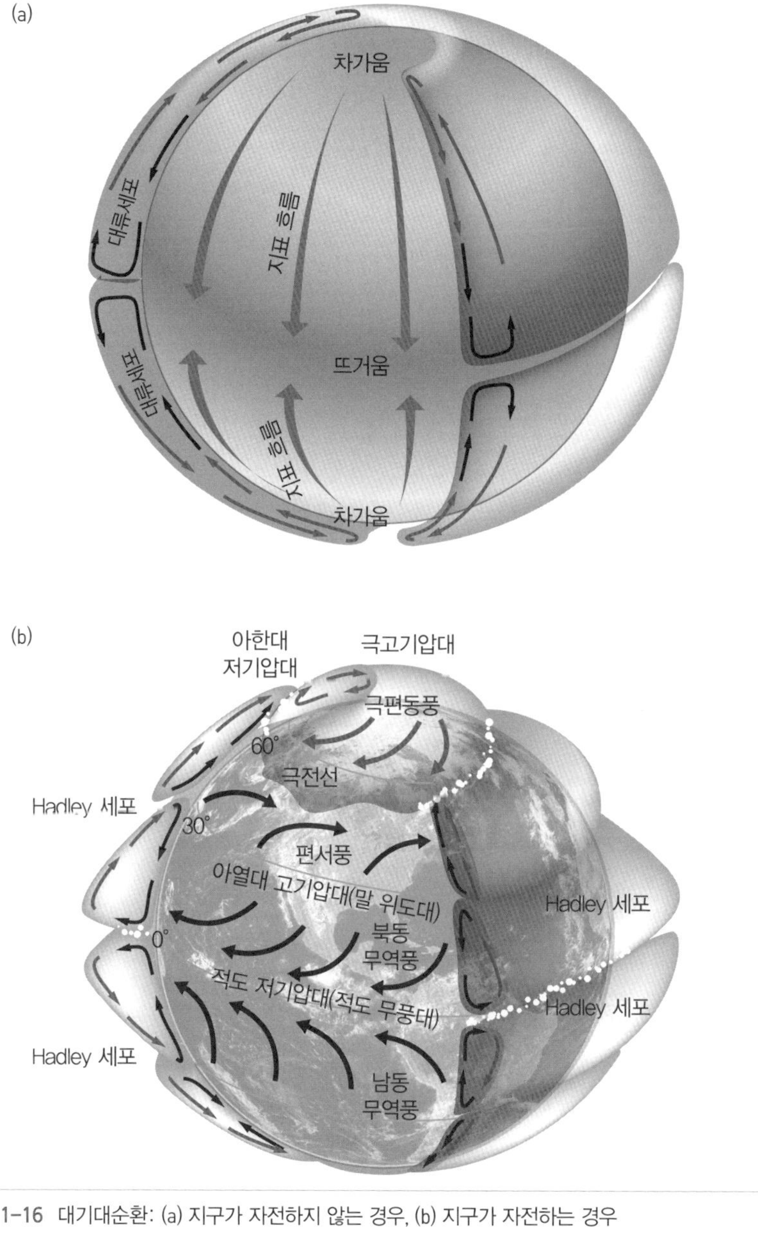

그림 1-16 대기대순환: (a) 지구가 자전하지 않는 경우, (b) 지구가 자전하는 경우

한 더운 공기는 극지방으로 가고, 극지방에서 차가와진 공기는 가라앉아 적도로 향하는 단순한 패턴을 생각할 수 있다. 이 경우에는 북반구의 지표면 부근에서는 일 년 내내 북풍만 불게 될 것이다.

그러나 지구에서는 전향력이 존재하므로, 적도에서 상승한 더운 공기는 처음에는 극 쪽을 향하지만 전향력에 의해(그림 1-6 참조) 북반구에서 오른쪽으로(남반구에서 왼쪽으로) 휘기 시작하여, 위도 20-30도 정도에 이르게 되면 거의 동서방향으로 바람이 불게 된다(그림 1-16b). 위도 20-30도 상층에서 동서방향으로 바람을 따라 이동하는 동안 복사냉각으로 차가워져 밀도를 증가시킨다. 무거워진 공기는 지표면으로 다시 하강하게 된다. 우리는 이 위도대를 아열대고기압대(subtropical high pressure zone)이라 부른다. 위도 20-30도 부근에서 하강한 공기는 지표면에서 도달해 일부는 남쪽으로, 또 일부는 북쪽으로 향하게 된다. 그러나 이 경우에도 또 전향력이 작용하여, 북반구에서는 오른쪽으로 휘게 되고, 결과적으로 적도 쪽으로 향해 부는 바람은 서쪽을 향하게 되고, 극 쪽으로 부는 바람은 동쪽으로 불게 된다. 전자를 무역풍(貿易風, trade wind), 후자를 편서풍(偏西風, westerly)라 부른다. 무역풍이라는 이름은 대항해시대에 유럽을 떠난 범선들이 주로 이 바람을 타고 항해를 했기 때문이다. 적도로 부는 바람은 적도까지 도달하지만, 극 쪽으로 부는 바람은 극에서 하강한 차가운 공기와 60도 부근에서 만나게 되는데, 여기를 극전선(極前線, polar front)라 부른다. 적도와 극으로부터 온 두 공기가 만나 상승기류를 발생시킨다. 극전선은 남쪽과 북쪽으로부터 불어오는 바람이 각각 전향력에 의해 오른쪽으로 휘면서, 서로 반대 방향의 바람이 되어 만나게 된다. 따라서 극전선에서는 대기가 불안정하여 날씨의 변동성이 크다. 남북 아열대고기압대에서 하강해 적도를 향하는 바람이 만나는 곳으로 열대수렴대(intertropical convergence zone, ITCZ)라 부른다. 이론적으로 열대수렴대는 적도에 위치해야하지만, 남북반구의 대륙과 해양의 분포가 균일하지 않은 탓에 실제로는 적도보다 약간 북쪽에 위치한다. 이를 종합하면, 대기의 순환은 그림 1-16b에서 보여주듯이 3 세포의 구조를 갖게 된다. 이러한 순환구조를 이를 최초로 제시하였던 영국의 기상학자인 해들리(Hadley)의 이름을 따 해들리순환이라고 부른다.

아열대고기압대는 공기가 하강하므로 비가 안 오게 되어, 지구상 대부분의 사막은 이 위도대에서 나타난다. 한편 극전선과 열대수렴대와 같은 저기압대에서는 공기가 상승하므로 비가 많이 오게 된다. 공기가 더워져서 상승하는 열대수렴대에서는 주로 적운의 형태를 띠고, 공기가 밀려올라가 상승하는 극전선에서는 주로 층운의 형태를 띠게 된다.

그러나 이러한 패턴이 일 년 내내 일정하게 유지되는 것은 아니다. 그림 1-17에서 알 수 있듯이, 지축이 23.5도 기울어져 있으므로, 하지 때는 북

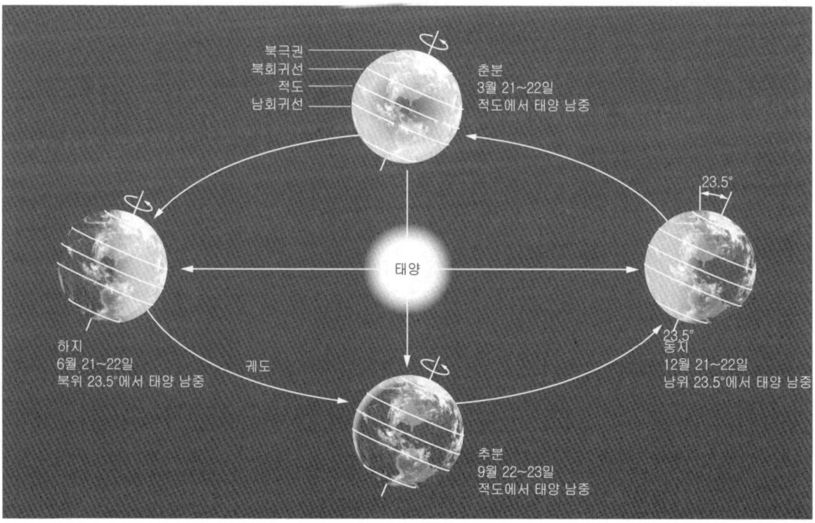

그림 1-17 지구와 태양의 위치에 따른 관계의 연변화

위 23.5도(북회귀선), 동지 때는 남위 23.5도(남회귀선)이 가장 태양열을 많이 받게 된다. (단위면적당 태양열을 받는 양은 햇빛을 수직으로 받을 때 최대가 되고, 비스듬한 각도가 커질수록 감소한다.) 우리는 그림 1-16b의 해들리순환을 기본적으로 태양열을 가장 많이 받는 적도에서 열을 받아 더워진 공기가 상승하여 전향력의 영향 아래 순환하는 구조로 이해할 수 있다. 따라서 일 년 동안 태양열을 최대로 받는 지점이 남북으로 이동을 하게 되면, 해들리순환도 이에 따라 여름에는 북쪽으로, 겨울에는 남쪽으로 이동을 하게 된다. 해들리순환이 이동을 함에 따라 비가 많이 오는 저기압대와 비가 안 오는 고기압대도 남북으로 이와 함께 이동을 하게 된다.

우리는 그림 1-16b의 해들리순환이 기본적으로 위도에 따른 태양복사

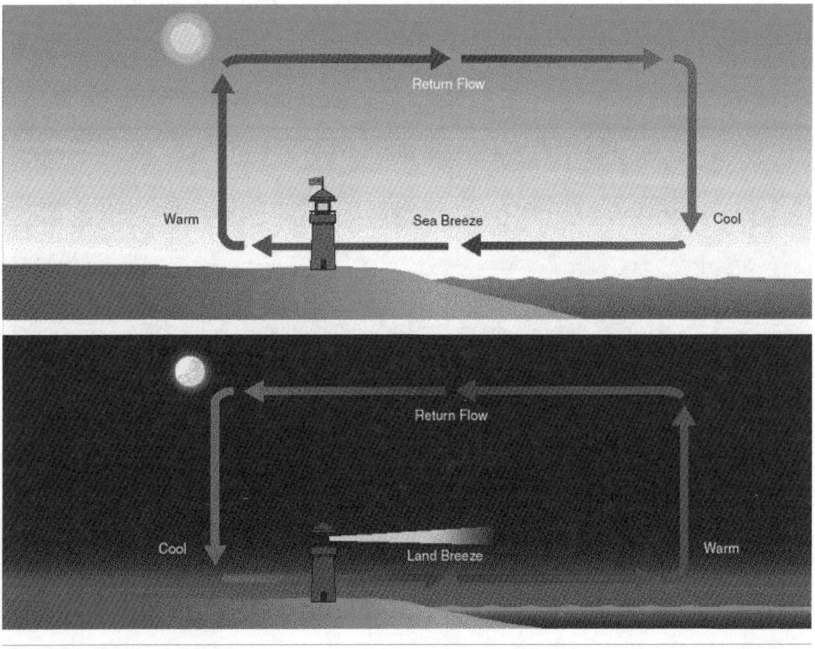

그림 1-18 해풍(낮)과 육풍(밤)

에너지양의 차이와 전향력에 의해 결정됨을 알았다. 그러나 대기대순환을 결정하는 또 하나의 중요한 요소가 있는데 그것은 대륙과 해양의 비열의 차이이다. 대륙이 해양보다 비열이 작으므로, 같은 열을 받아도 더 빨리 온도가 오르고, 또 열을 못 받게 되면 더 빨리 온도가 내리게 된다. 따라서 여름철 바닷가에서는 낮에는 육지 쪽이 온도가 높아, 바다로부터 해풍이 불고, 밤에는 바다 쪽이 온도가 더 높아 육지로부터 육풍이 불게 된다(그림 1-18). 같은 원리로 전구의 대기의 순환에서도 겨울에는 대륙에서 해양으로 바람이 불고, 여름에는 해양에서 대륙으로 바람이 분다. 우리는 이를 계절풍 또는 몬순(monsoon)이라고 부른다. 특히 여름 동안에는 해양에서 습도가 높은 공기가 대륙으로 불어와, 대륙에서 가열되면서 상승기류를 발생시키면서 많은 비를 내리게 한다. 이를 여름몬순이라 하며, 우리나라에서 장마가 발생하는 원인이기도 한다.

그림 1-19는 실제 1월과 7월의 바람의 분포를 보여주고 있다. 우리는 여기서 유럽 쪽은 계절에 상관없이 항상 편서풍이 부는데 반해, 아시아 쪽은 겨울에는 대륙에서 해양 쪽으로, 여름에는 해양에서 대륙 쪽으로 바람이 부는 것을 확인할 수 있다. 정도의 차이는 있지만, 아메리카대륙의 동쪽과 서쪽에서도 비슷한 패턴이 나타난다. 이로부터 대륙의 서쪽의 바람은 해들리순환의 구조를 대체로 따르지만, 대륙의 동쪽은 이보다는 계절풍의 효과가 훨씬 더 중요함을 알 수 있다. 따라서 아열대고기압대의 사막도 대부분 대륙의 서쪽에서만 나타난다. 중위도에서 대륙의 동쪽에서 계절풍이 더 중요한 이유는 편서풍에 의해 바람이 서쪽에서 동쪽으로 불게 됨에 따라, 대륙의 효과가 대륙의 동쪽에서 더 강하게 나타나기 때문이다. 마찬가지로 편서풍의 영향으로 해양의 영향을 받는 대륙의 서쪽은 한서의 차가 크지 않은 해양성기후를 나타내고, 대륙의 영향을 받는 대륙의 동쪽은 한

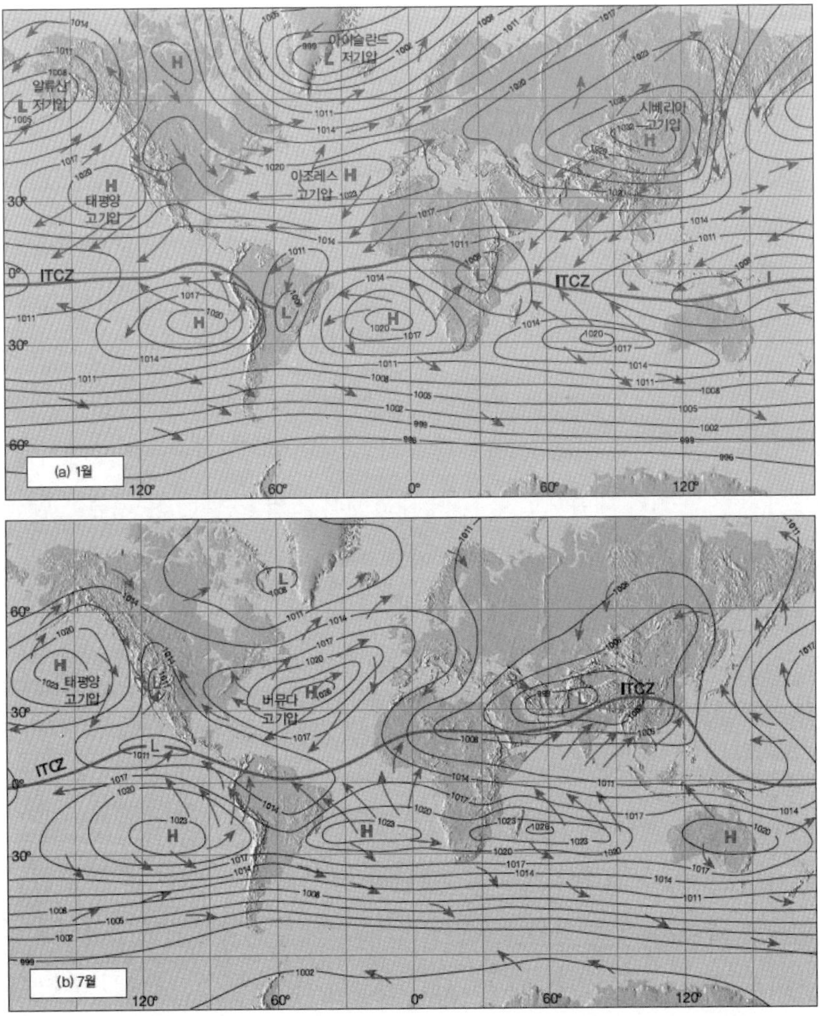

그림 1-19 겨울(1월)과 여름(7월)의 바람과 기압의 분포

서의 차가 큰 대륙성 기후를 나타낸다.

6 해양의 순환

해류가 발생하는 원인은 크게 두 가지인데, 마찰력에 의해 바람에 의해 끌려가면서 발생하는 경우와 부력에 의해 해수면에서의 냉각에 의하여 무거워진 해수가 가라앉으면서 발생하는 경우이다(그림 1-20). 전자를 취송류(吹送流, wind-driven circulation), 후자를 열염류(熱鹽流, thermohaline circulation)라 부른다. 열염류라고 부르는 이유는 해수의 밀도의 변화가 온도뿐만 아니라, 염도에 의해서 발생하기 때문이다. 대체로 온도가 더 중요하지만, 때로는 염도가 중요한 역할을 하기도 한다. 일반적으로 표층의 해류는 취송류에 의해 발생하고, 심층의 해류는 열염류에 의해 발생한다.

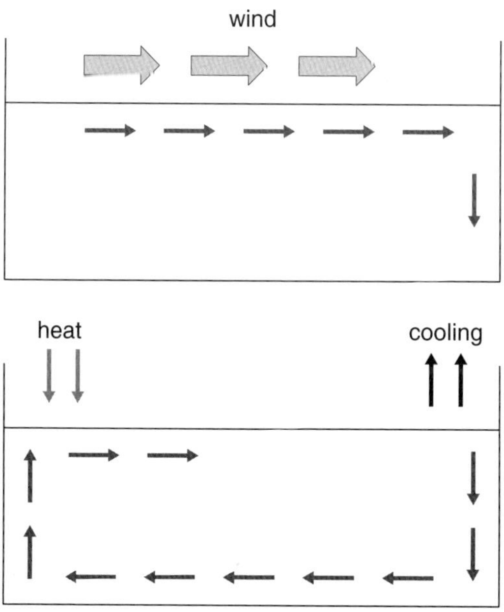

그림 1-20 취송류와 열염류

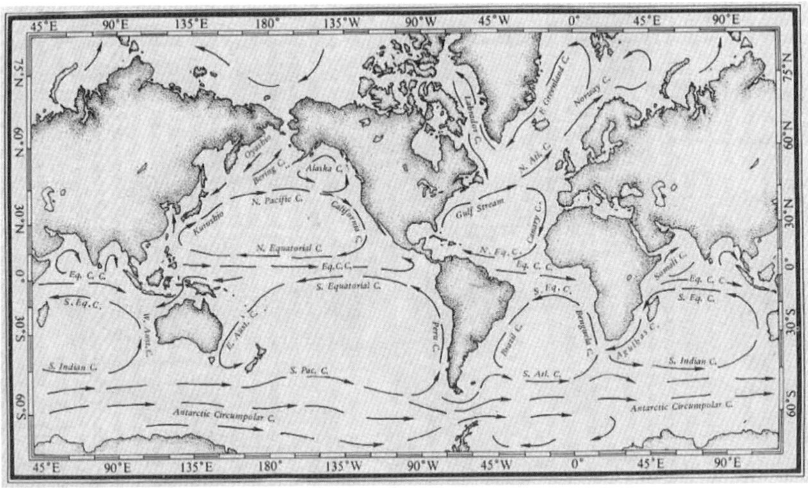

그림 1-21 해양 표층순환

그림 1-21은 해양의 표층순환을 보여주고 있다. 취송류에 의해 발생하는 만큼, 바람의 분포와 매우 밀접한 관계가 있다. 적도에서는 무역풍을 따라 동에서 서로, 남극해에서는 편서풍을 따라 서에서 동으로 흐른다. 그러나 대기의 순환과 달리 해양의 순환은 대부분의 지역에서 대륙에 가로막혀 동서방향으로 전 지구를 돌지 못하고, 대양을 가로지르는 큰 환류(還流; gyre)를 이룬다. 지구상 유일하게 대륙으로 가로 막히지 않고 동서 방향으로 한 바퀴를 돌 수 있는 남극해에서는 대기의 편서풍에 해당하는 환남극류(Antarctic Circumpolar Current; ACC)가 흐른다.

표층해양순환에서 가장 중요한 특징은 이 환류가 대양의 동쪽 경계 부근에서는 약하고, 서쪽 경계 부근에서는 매우 강하다는 점이다. 우리는 대양의 서쪽 경계부근에 나타나는 강한 해류를 서안경계류(西岸境界流; western boundary current)라 부르며, 그 중 가장 중요한 것이 대서양의 멕시코만에서 유래하여 유럽으로 흐르는 멕시코만류(또는 灣流, Gulf Stream)와 태평양에서 일본연안을 따라 북상하는 쿠로시오(黑潮, Kuroshio)를 들 수 있다. 이 서안경계류는 저위도에서 고위도로 열을 전달하는 매우 중요한 역할을 한다. 서유럽, 특히 영국과 같은 나라가 북위 50도가 넘는 고위도임에도 불구하고, 온난한 기후를 유지하는 것은 멕시코만류에 의한 많은 열이 공급되기 때문이다. 북위 68도의 노르웨이의 나르비크가 세계 최북단의 부동항을 유지할 수 있고, 북위 64도의 아이슬란드가 온화한 기후를 유지할 수 있는 것도 멕시코만류의 덕택이다. 만약 멕시코만류가 유럽에 도달하지 못하는 일이 발생하게 된다면, 유럽의 기후는 지금보다 훨씬 더 추워질 것이다. 빙하시대 이후 실제로 그러한 일이 발생한 적이 있으며, 이를 영거드라이아스기라 부른다(II-2-2(4) 참조). 일본도 쿠로시오로 인해 태평양쪽이 동해 쪽보다 더 따뜻한 기후를 나타낸다. 이해하기는 어렵지만, 서안경계류가 발생하는 이유는 무역풍과 편서풍에 의한 에크만수송에 의해 아열대고기압대에서 표층해수의 수렴이 발생해 아래로 가라앉는 것(downwelling)과 전향력이 고위도로 갈수록 증가하는 것 등과 밀접한 관계가 있다.

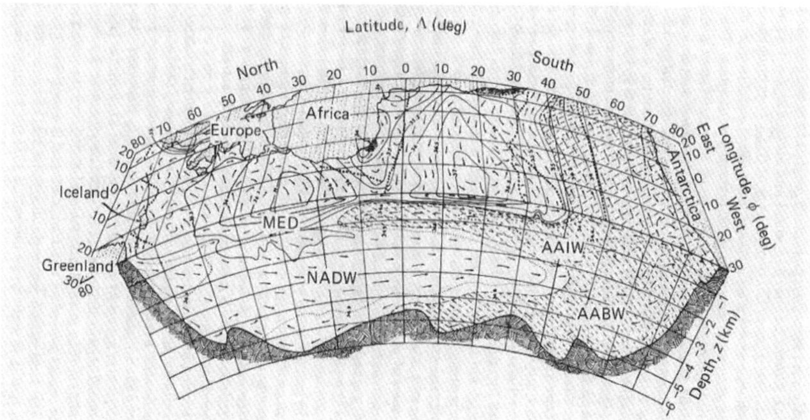

그림 1-22 대서양의 심층순환

그림 1-22는 대서양의 연직단면에서 심층순환의 패턴을 보여주고 있다. 지구상에서 강한 표층냉각에 의해 물이 충분히 무거워져 심층까지 가라앉는 심층대류(deep convection)는 그린란드 부근과 남극 부근 두 군데에서만 발생한다. 이렇게 가라앉는 해수가 바닥을 따라 흐른다. 이를 각각 북대서양심층수(North Atlantic Deep Water; NADW), 남극저층수(Antarctic Bottom Water; AABW)라고 부른다. 심층에서 NADW와 AABW가 만나면, 더 추운 곳에서 발생한 AABW가 더 무거워 NADW는 AABW 위로 흐른다. 한편, 지중해의 해수는 강한 증발로 염도가 높아, 높은 온도에도 불구하고 높은 밀도를 가지게 되, 지브롤터해협을 통해 대서양으로 나오면 1000m 정도까지 가라앉게 된다(Mediteranian, MED). 심층순환의 가장 중요한 특징은 심층대류는 대서양에서만 발생하고, 고위도 북태평양에서는 발생하지 않는다는 사실이다. 따라서 그림 1-23과 같은 심층순환도 대서양에서만 존재한다.

북태평양에서 심층대류가 발생하지 않는 이유는 고위도 북태평양에서는 강수량이 매우 많아, 표면냉각에 의해 온도가 낮아지더라도, 염도가 낮아, 해수가 심층으로 가라앉을 만큼 충분히 무거워지지 않기 때문이다. 전반적으로 북태평양이 북대서양에 비교해서 강수량이 더 많아, 해수면 염도도 태평양이 대서양에 비교해서 더 작은 값을 가진다. 그 이유는 북아메리카대륙의 지형 분포와 밀접한 관계가 있다. 편서풍이 부는 북아메리카의 고위도는 동서 방향으로 매우 넓은 대륙인 반면, 무역풍이 부는 저위도는 매우 좁은 중앙아메리카 해협지역이다. 따라서 고위도 태평양에서 증발된 수분은 편서풍을 타고 대서양까지 전달되지 못하고 대부분이 북아메리카 대륙에 강수로 소모되게 되는 반면, 저위도 대서양에서 증발된 수분은 대부분 무역풍을 타고 태평양으로 전달되기 때문이다. 따라서 전반적으로 태

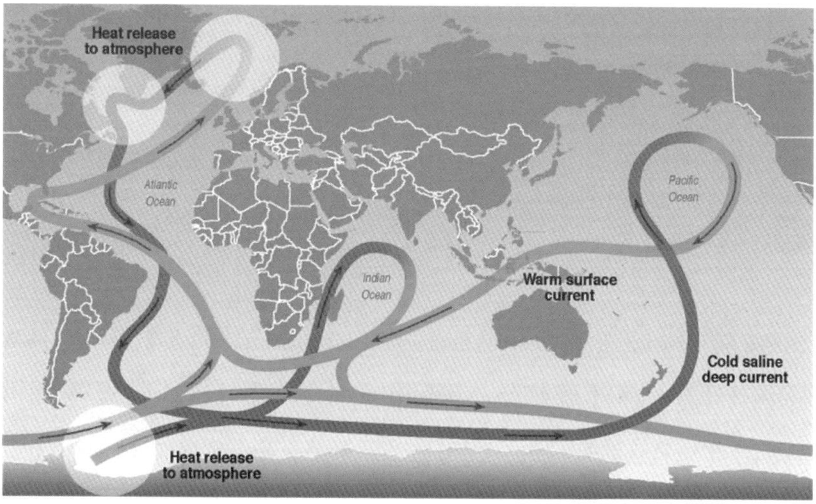

그림 1-23 해양컨베이어벨트

평양은 증발보다 강수가 더 많고, 대서양은 그 반대이다.

이러한 해양의 표층과 심층순환에 의해 열이 전 지구에 어떻게 전달되는지를 도식적으로 표현한 것이 해양컨베이어벨트(ocean conveyor belt)이다(그림 1-23).[7] 그림 1-23은 멕시코만류를 따라 북내서양 가로질러 올라간 표층해류가 그린란드에서 심층으로 가라앉아 남극으로 흘러내려오고, 여기서 남극에서 가라앉은 해수와 합류하여 환남극류를 타고, 태평양으로 서서히 퍼져나가는 것을 보여주고 있다. 나머지 부분은 해수가 다시 북태평양의 심층에서 표층으로 올라오고, 또 북대서양으로 되돌아오는 과정을 그리고 있으나, 이를 수행하는 뚜렷한 해류가 있는 것이라기보다는 열이 어떻게 전달되어가는 지를 보여주는 패턴으로 이해해야 한다. 해양컨베이어벨트를 따라 열이 전 지구에 순환되는 것은 천 년 이상의 시간에 걸쳐 서서히 이루어진다. 마지막으로 우리는 그림 1-23으로부터 남극해는 표층의 해수와 심층의 해수가 섞이고, 대서양, 태평양, 인도양의 해수가 섞이는 중요한 역할을 함을 알 수 있다.

7 기후의 분포

온도와 강수량 및 이들이 계절적 분포를 바탕으로 전 세계 기후를 구분하는 작업은 1884년 쾨펜(Köppen)에 의해 처음 이루어졌으며, 그 후 여러 수정을 거쳐 오늘날에 널리 인정되는 기후구분을 만들었다(그림 1-24). 기후를 크게 열대(A), 건조(B), 온대(C), 냉대(D), 한대(E) 기후로 나누고, 추가로 강수량의 계절분포, 여름온도분포 등을 기준으로 세분하였다(표 1). 일 년

<table>
<tr><th colspan="3">1차 기후구분</th><th>2,3차 기후구분</th><th>기후형</th></tr>
<tr><td rowspan="4">습윤기후</td><td>열대기후
(A)</td><td>최한월 평균기온
18℃ 이상</td><td rowspan="3">2차 구분: 건조한 계절
f: 연중 습윤
s: 여름 건조
w: 겨울 건조
m: 계절풍 (몬순) 기후
(f와 w의 중간형)
3차 구분 (Cf 기후)
a: 최난월 평균기온 22℃ 이상
b: 최난월 평균기온 22℃ 미만이고
10℃ 이상인 달이 4개월 이상</td><td>Af (열대우림)
Aw (사바나)
Am (열대계절풍)</td></tr>
<tr><td>온대기후
(C)</td><td>최한월 평균기온
-3~18℃</td><td>Cfa (온대습윤)
Cfb (서안해양성)
Cs (지중해성)
Cw (온대겨울 건조)</td></tr>
<tr><td>냉대기후
(D)</td><td>최한월 평균기온
-3℃ 미만
최난월 평균기온
10℃ 이상</td><td>Df (냉대습윤)
Dw (냉대겨울 건조)</td></tr>
<tr><td>한대기후
(E)</td><td>최난월 평균기온
10℃ 미만</td><td>T: 툰드라 (최난월 0~10℃)
F: 빙설 (최난월 0℃ 이하)</td><td>ET (툰드라)
EF (빙설)</td></tr>
<tr><td colspan="2">건조기후(B)</td><td>연 강수량 500mm
이하
강수량 < 증발량</td><td>S: 스텝 (연 강수량 250~500mm)
W: 사막 (연 강수량 0~250mm)</td><td>BS (스텝)
BW (사막)</td></tr>
</table>

표 1 쾨펜 기후구분문자의 의미

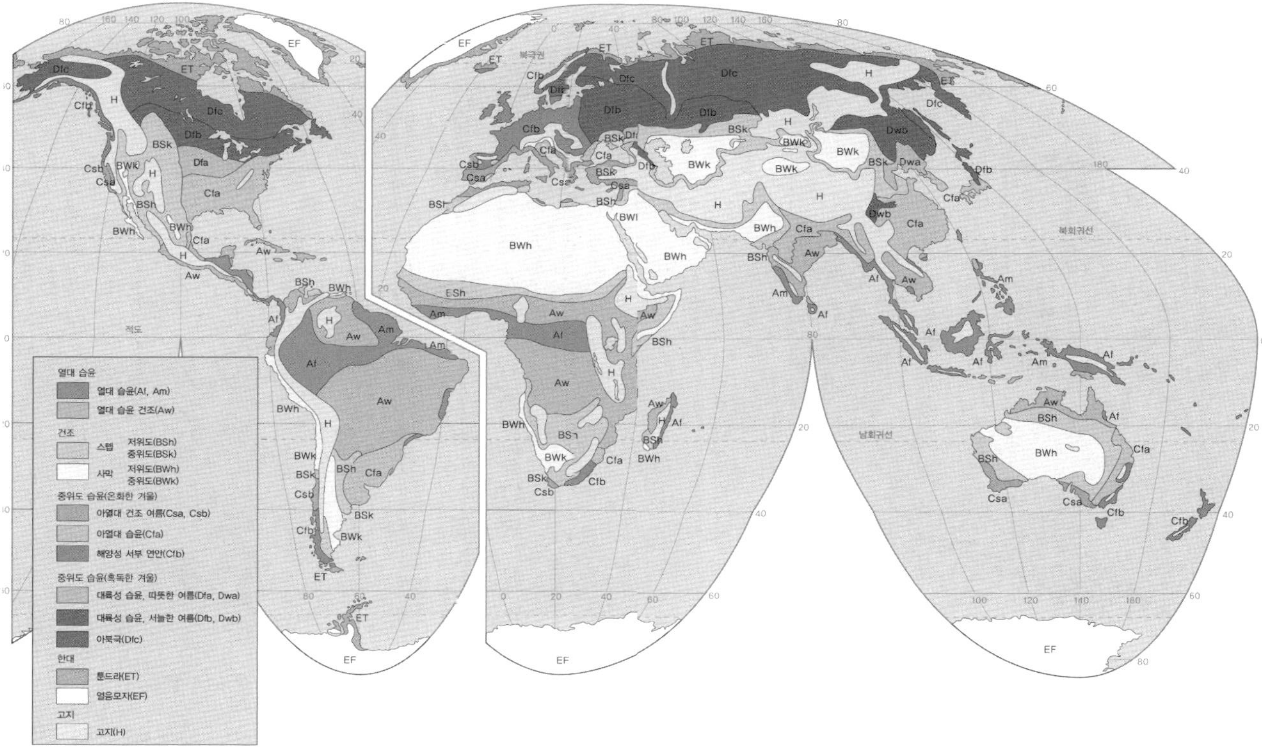

그림 1-24 쾨펜(Köppen) 기후구분.[58]

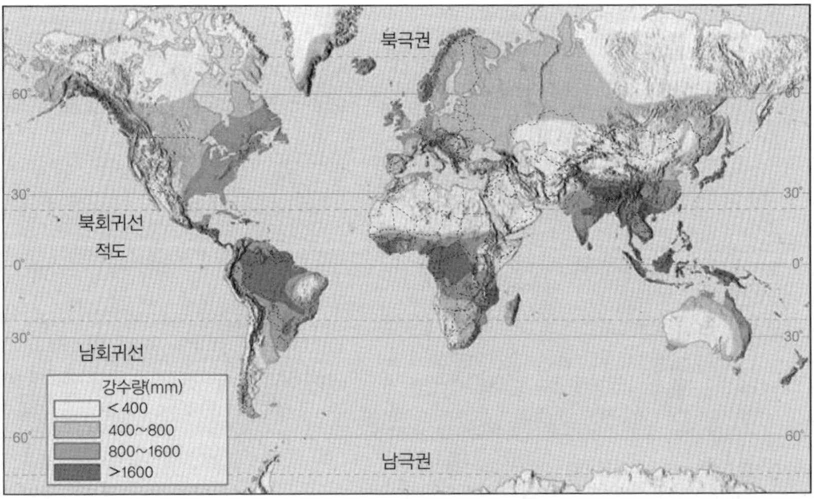

그림 1-25 연강수량의 분포.[58]

내내 비가 많이 오면 f, 여름이 건조하면 s, 겨울이 건조하면 w을 붙인다(각각 독일어의 feucht, Sommer, Winter에 해당). m(Monsoon)은 f와 w의 중간 정도의 특징을 가진다. 또 여름이 더우면 a(여름평균 22도 이상), 안 더우면 b를 붙인다. 건조기후(B)는 전혀 비가 오지 않는 사막기후 W(연강수량 250mm 이하)와 약간 비가 와서 유목생활이 가능한 스텝기후 S로 나뉜다. 겨울 내내 눈이 쌓여있을 정도로 추운 기후(겨울평균 −3도 이하)를 온대기후(C)와 구분해서 냉대기후(D)로 따로 구분한다. 냉대기후는 대륙이 많은 북반구에만 존재한다. 더 고위도로 올라가 농사가 불가능해지는 기후(여름평균 10도 이하)를 한대기후(E)로 다시 구분한다. 한대기후는 또 다시 아예 식생이 불가능한 빙설기후 F(여름평균 0도 이하)와 이끼 같은 약간의 식생이 가능한 툰드라기후 T로 구분한다. 수천 m이상의 고산기후를 따로 구분하기도 하는데, 대체로 한대기후와 유사하다. 단 한대기후에 비해 일교차가 크고, 연교차가 작다.

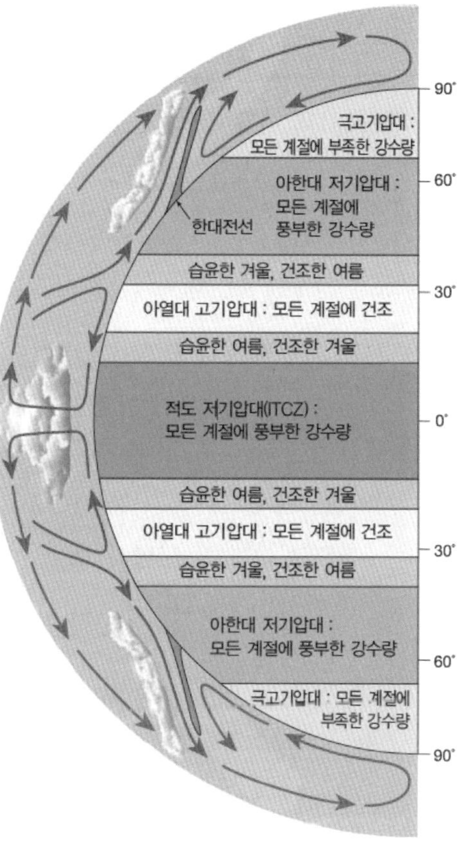

그림 1-26 위도별 강수패턴.[58]

이러한 다양한 기후의 특징은 앞서 설명한 대기순환으로 이해할 수 있다. 해들리순환에 의하면 적도(0도)와 극전선(~ 60도) 부근에서 저기압으로 비가 많이 오고(Af; 열대우림기후, Cbf; 서안해양성기후), 아열대고기압대(~ 30도)와 극지방(90도)에서 고기압으로 비가 안 온다(B, E)(그림 1-26). 단 고비사막처럼 해양에서 너무 떨어져 있으면, 수분의 공급이 안 되어 아열대고기압 바깥에서도 사막기후가 발생할 수 있다. 한편, 2-5장에서 설명했듯이, 해들리순환은 고정되어 있는 것이 아니라, 여름에는 북쪽으로, 겨울에는 남쪽으로 이동을 한다. 따라서 그림 1-26에서 알 수 있듯이 적도와 아열대고기압대 사이의 위도에서는 여름에 비가 많이 오고 겨울에는 건조하다(Aw; 사바나기후). 또 아열대고기압대와 극전선대 사이의 위도에서는 여름에는 건조하고, 겨울에 비가 많이 온다(Cs; 지중해성기후).

그러나 이러한 위도별 강수패턴은 대륙의 서쪽에서만 나타나고, 대륙의 동쪽에서는 계절풍에 의해 강수가 결정된다. 즉 여름에 해양에서 불어오는 습한 공기가 대륙에 들어와 가열되면서 상승하며 많은 비를 내리게 한다. 한편, 겨울에는 대륙에서 해양으로 불어가는 차고, 건조한 공기의 영향을 받는다. 따라서 이 지역에서는 여름에 강수량이 집중되어 있다(Cfa; 온대습윤, Cw; 온대겨울건조). 그러므로 그림 1-24에서 보듯이 대륙의 동쪽에서는 아열대고기압대에서도 많은 강수량을 나타내고 있고, 사막은 항상 대륙의 서쪽에서만 나타난다.

제2장

기후는 왜 변하는가?

1 온실기체의 증가와 지구온난화

대기는 질소(78%)와 산소(21%)로 주로 구성되어 있고, 그밖에 아르곤, 이산화탄소 등의 소량의 다른 기체들이 존재한다. 그런데 석탄, 석유 등의 화석연소를 사용하기 시작한 18세기 산업혁명 이후 이산화탄소의 농도가 크게 증가하게 되었다(그림 2-1). 특히 20세기 중반 이후 더 급격하게 증가함을 알 수 있다. 한편 이산화탄소가 실제로 공기 중에 쌓이는 양은 배출량보다는 적은데, 이는 해양과 생태계에서 이산화탄소를 상당량 흡수해주기 때문이다.

제1-3장에서 설명하였듯이 복사에너지는 공기분자에 흡수되는데, 분자의 종류에 따라 흡수되는 전자파의 파장이 다르다. 특히 이산화탄소, 수증기 등 어떤 기체는 태양으로부터 들어오는 단파는 통과하고, 지구로부터 나가는 장파는 흡수하는 특성을 가지고 있다(그림 2-2). 따라서 대기 중에 이산화탄소가 증가하게 되면, 지구로 들어오는 단파복사는 그대로지만, 지구로부터 나가는 장파복사는 감소하게 되어, 그림 1-12에 설명한 지구의 복사균형은 무너지게 된다. 이러한 현상을 우리는 온실효과(greenhouse effect)

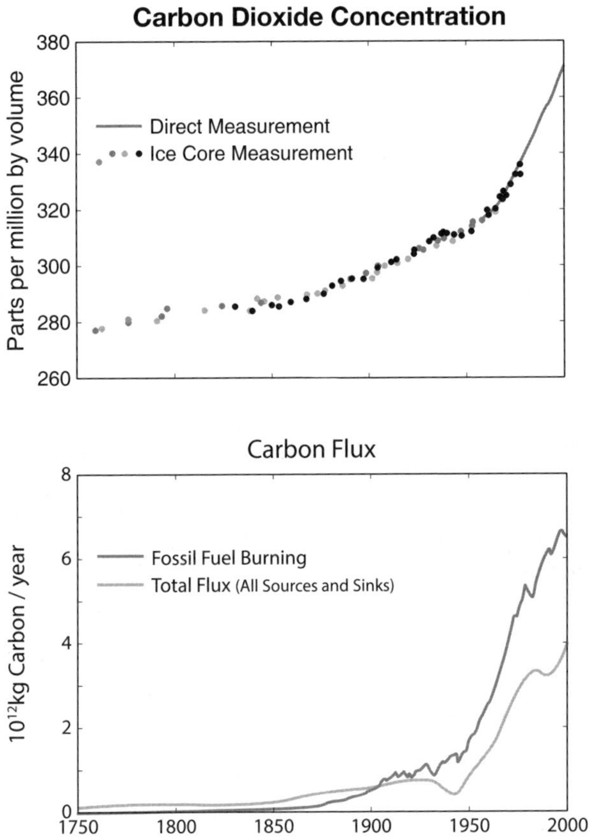

그림 2-1 산업혁명이후의 이산화탄소 배출량의 증가 및 이에 따른 농도의 증가

라고 부르며, 현재 대부분의 기상학자들에 의해 현재 발생하고 있는 지구 온난화현상의 원인으로 지목되고 있다. 수증기도 강력한 온실기체이지만, 수증기는 이산화탄소와 달리 대기 중에서 증발, 구름, 비 등 복잡한 물순환 과정에 의해 끊임없이 생성되고 소멸되며, 또 산업화와 함께 수증기의 배출이 크게 증가하였다고 볼 수 없으므로, 지구온난화에 크게 영향을 주지 못한다.

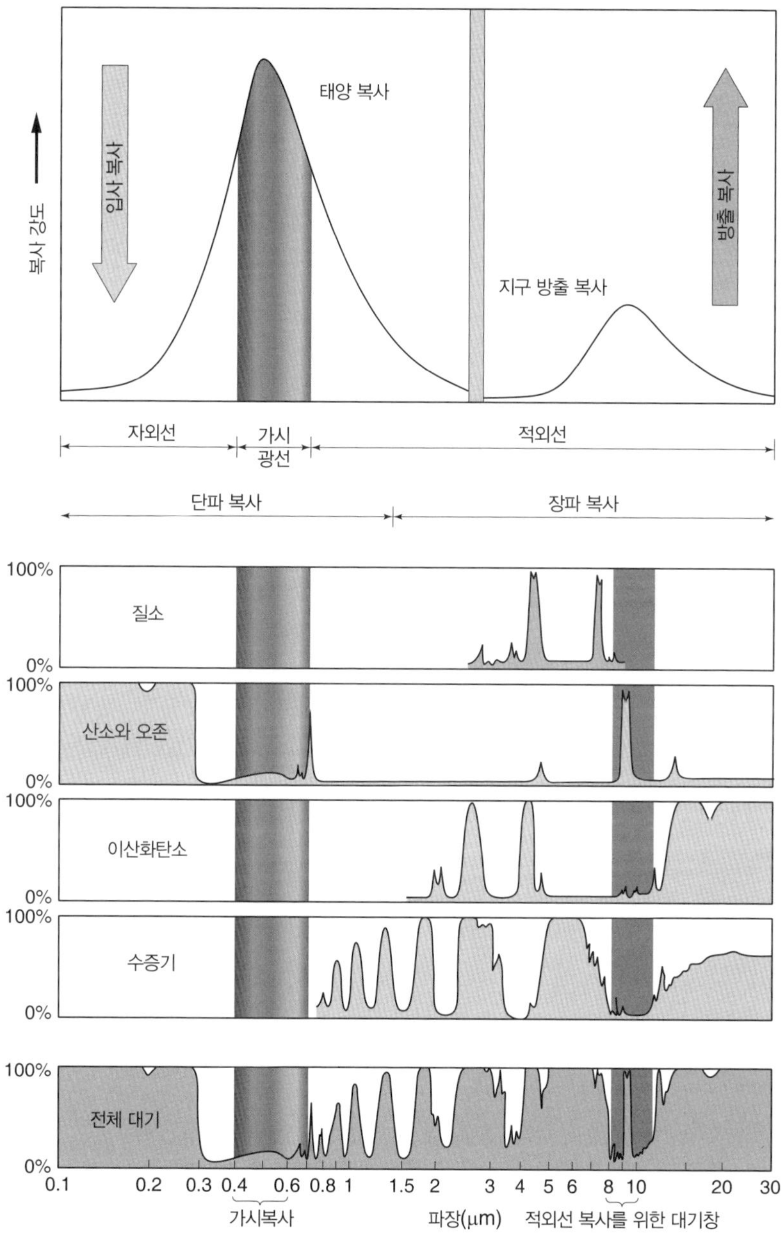

그림 2-2 대기 중 기체들의 복사파 흡수.[58]

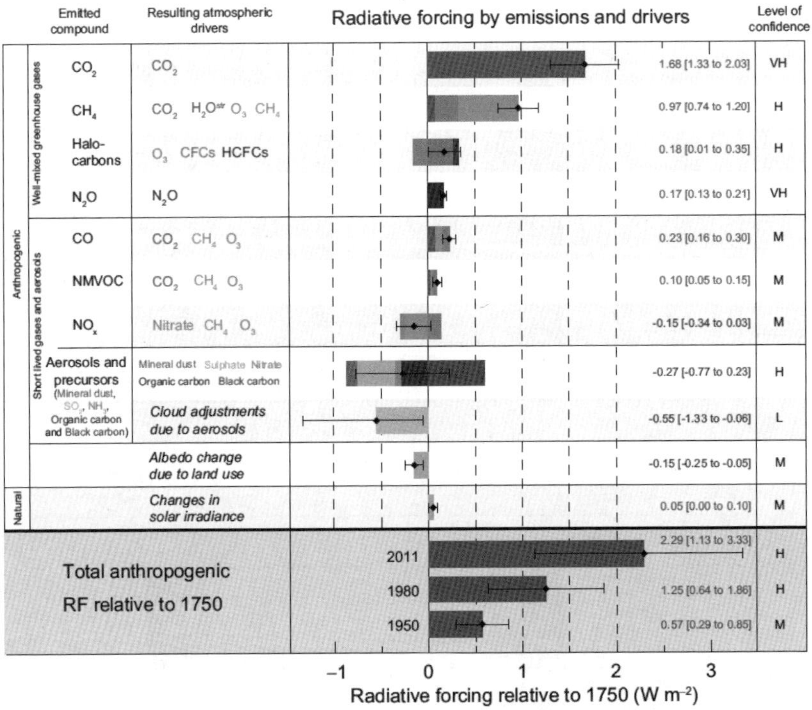

그림 2-3 2011년과 1750년의 기후복사강제력의 차이(radiative forcing)(IPCC 5차 보고서)

그림 2-3은 IPCC 5차보고서에서 보고된 지구온난화에 미친 인위적 요소들의 기여도 비교이다. 이산화탄소의 증가가 온난화에 가장 크게 기여함을 알 수 있다. 두 번째로 큰 기여가 메탄(CH_4)이다. 실제 메탄은 이산화탄소보다도 훨씬 강력한 온실기체이나, 그 증가량이 이산화탄소에 비해 훨씬 작다. 메탄은 화석연료의 연소뿐만 아니라, 유기물이 미생물에 의해 분해되는 과정에서도 만들어진다. 대기 중의 오존도 온실기체로 온난화에 기여한다.

에어로졸 또한 산업화와 함께 크게 증가하고 있는 구성요소 중의 하나이다. 최근 이슈가 되고 있는 미세먼지를 포함, 산업활동을 통해 공기 중에 수많은 에어로졸이 배출되고 있다. 에어로졸은 두 가지 물리과정을 통해 온실기체와는 반대로 지구의 기온을 낮추는 역할을 한다. 첫 번째는 에어로졸의 농도가 증가하면, 지구로 들어오는 단파복사의 반사, 산란이 커져 지표면에 도달하는 태양복사의 양이 감소하게 된다(II-1-3 참조). 두 번째는 에어로졸이 증가하면, 응결핵이 쉽게 형성되고, 따라서 구름이 생기기 쉬워지므로, 역시 더 많은 양의 태양복사를 반사, 산란하게 된다(II-1-4 참조). 지표면의 평균 알베도 또한 산업화, 도시화에 따라 증가하여 기온을 낮추는데 기여한다. 그러나 그림 2-3에서 보여주듯이, 산업화의 결과로 나타나는 온실효과에 의한 기온상승 효과가 에어로졸과 알베도에 의한 기온하강 효과보다 훨씬 크다.

2 자연적인 기후변화

오늘날 온실기체의 증가로 인한 지구 기후의 변화가 인류가 당면한 중요한 문제로 대두되고 있으나, 앞서 제1부 기후와 문명에서 다룬 것처럼 산업혁명 이전에도 지구의 기후는 자연적인 원인에 의해 과거에도 계속 변해왔다. 이 장에서 우리는 지구의 기후를 변하게 하는 여러 가지 자연적인 원인에 대해 알아보기로 한다.

(1) 지형의 변화

대륙과 해양의 분포는 계절풍과 해류를 결정한다. 또 높은 산맥의 존재는 강수를 유발하고, 수분의 전달을 막는다. 따라서 지난 수백–수천만 년에 걸친 기후의 변화는 대륙의 이동을 포함한 수많은 지형의 변화에 의해 영향을 받았다. 예를 들면, 약 천만 년 전경 인도대륙이 아시아대륙에 충돌하면서, 티베트고원과 히말라야 산맥이 형성되고, 아시아의 몬순기후가 강화되었다. 약 300만 년 전경에는 파나마해협이 막히면서, 멕시코만류가 강화되고, 또 이를 통해 더 많은 열이 고위도로 전달되게 되었다. 특히, 약 200–400만 년 전 동아프리카의 융기에 의한 대지구대의 형성은 해양으로부터 전달되어 오는 수분을 차단하여, 동아프리카의 많은 지역을 정글로부터 초원으로 바꾸어 놓았다. 이는 인류의 탄생과도 깊은 관련이 있다(사바나 가설).

(2) 지구궤도의 변화

지구의 공전궤도와 자전축은 고정되어 있는 것이 아니라 수만 년의 주기로 미묘하게 변화한다. 유고슬라비아의 천문학자 밀란코비치(Milankovich)는 약 10만 년 주기를 갖는 지구공전궤도의 이심률(離心率; eccentricity)의 변화, 약 41000년 주기를 갖는 자전축 기울기의 변화(obliquity), 약 2만 년 주기를 갖는 세차운동(歲差運動; precessional motion–지축이 가리키는 방향의 변화)으로 인해 지구가 받는 태양복사에너지의 작은 차이가 발생하며, 이로 인해 빙하시대가 유발된다는 이론을 제시하였다(그림 2–4). 그림 2–5는 이 세 가지 천체운동에 의해 유발된 북위 65도 이북의 지구에 전달되는 태양복사에너지의 시간에 따른 변동은 빙하시대의 주기와 매우 잘 일치함을 보여주고 있다. 밀란코비치의 이론은 현재 빙하시대를 설명하는 주요한 이론으로 인정받고 있다.

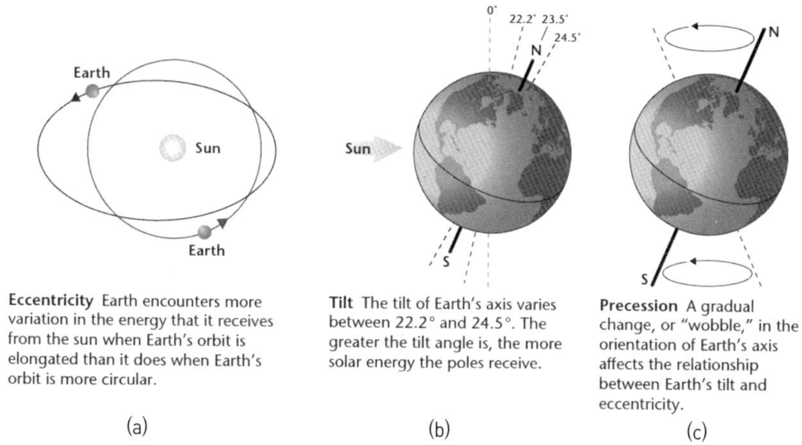

그림 2-4 (a) 공전궤도 이심률의 변화, (b) 자전축의 기울기의 변화, (c) 세차운동

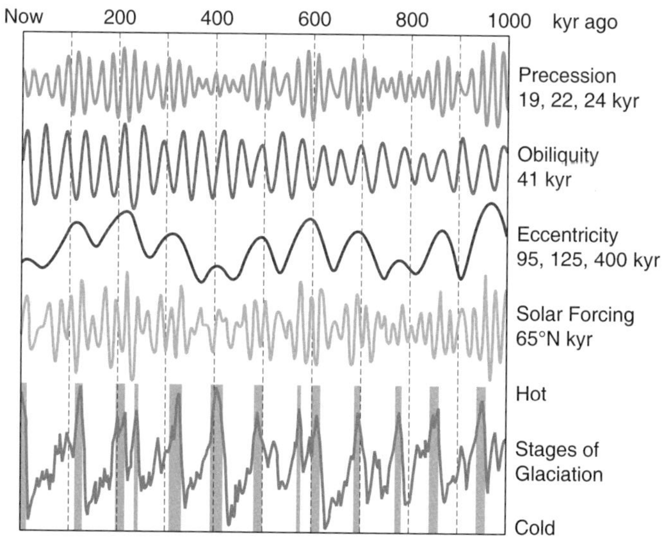

그림 2-5 세차운동, 자전축의 기울기, 공전궤도의 이심률에 의한 북위 65도 이북의 태양복사 전달량의 변동과 지구기온의 변동

천체운동에 의해 지구로 들어오는 태양복사량의 변화는 빙하시대의 주기를 매우 잘 예측했지만, 그 변화량은 실제 빙하시대의 기온변화를 설명하기에는 매우 작다. 그러면 어떻게 이렇게 큰 기온의 변화가 유발되는 것일까? 첫째, 태양복사량이 줄어들면, 고위도에서 빙하에 덮인 면적이 늘어난다. 지표면이 빙하로 덮이게 되면, 알베도가 증가하여, 그렇지 않은 경우와 비교하여 지구가 흡수하는 태양복사에너지가 더 감소한다. 따라서 지구의 기온은 더 떨어지고, 빙하의 면적은 더 증가하게 된다. 빙하시대가 끝날 때도 역의 방향으로 양의 되먹임작용이 가동을 한다. 특히 북위 65도 이북의 태양복사량이 중요한 역할을 하는 것이 바로 쌓인 눈이 여름 동안 녹는가 안 녹는가에 따라 알베도가 크게 달라지고 따라서 일 년 동안 받는 태양복사열의 양이 크게 달라지기 때문이다. 둘째, 지구의 기온이 하강하게 되면, 더 많은 양의 이산화탄소가 해양에 용해되고, 더 많은 양의 메탄이 영구동토에 고정되게 된다. 따라서 온실효과가 약화되어 기온은 더 떨어지게 된다. 공기 중 이산화탄소, 메탄의 양과 기온의 높은 상관관계는 빙하로부터 분석된 고기후자료로부터도 확인되었다. 이 두 가지 양의 되먹임작용은 실제 지구로 들어오는 태양복사에너지의 변화보다 훨씬 더 큰 지구기온의 변화를 유발하였다.

천체운동에 의한 태양복사에너지양의 변화는 수십만 년 주기로 빙하시대가 도래하는 근본적인 원인을 제공할 뿐만 아니라, 그보다 더 작은 시간 규모에서 대기순환과 기후에 미묘한 변화를 야기하기도 한다. 북위 65도 이북에 가해지는 태양복사에너지의 총량은 지금부터 11000년경 기후최적기에 최댓값을 가졌었으며, 그 이후 태양복사량은 서서히 감소하여왔다(그림 I-4-3 참조). 이로 인해 기후최적기 동안에는 해들리순환이 북쪽으로 치우쳐져 열대수렴대, 아열대고기압대, 편서풍대도 북쪽으로 치우쳐져 있었고, 몬순도 더 강했다. 이러한 변동을 야기하는 데는 천체운동 중에서도 특히 약 2만 년의 주기를 갖는 세차운동이 특히 중요한 역할을 한 것으로 알려져 있다.[20]

(3) 화산폭발

화산이 폭발하게 되면 엄청난 양의 기체와 에어로졸이 방출된다. 또 방출된 이산화황(SO_2)이 황산(H_2SO_4)으로 바뀌면서 공기 중에 에어로졸을 생산하기도 한다(그림 2-6). 만약 화산의 분출이 성층권에 미칠 정도로 세지 않다면, 에어로졸이 수주 안에 직접 또는 강수를 통해 주변지역으로 침강

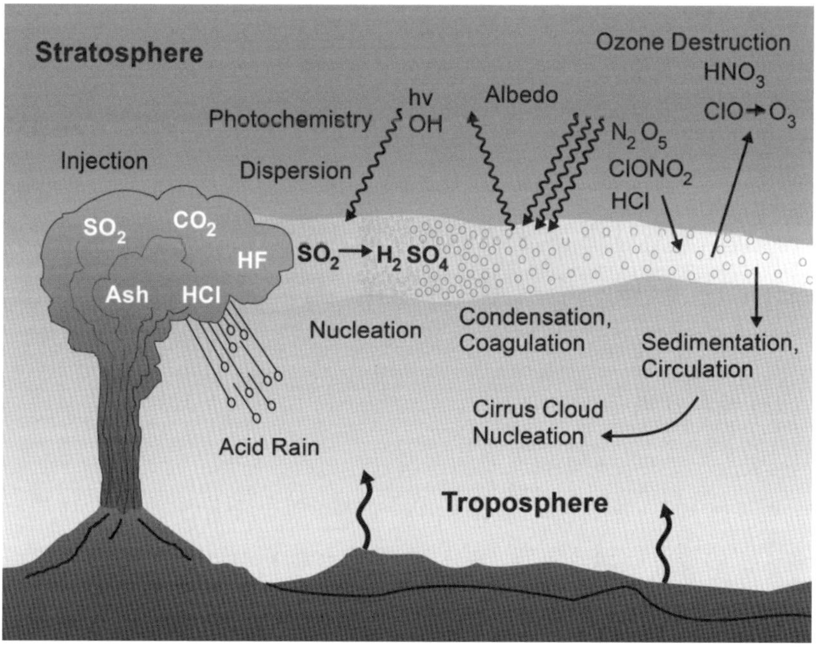

그림 2-6 화산폭발이 대기에 미치는 영향

하게 되지만, 화산의 분출이 매우 강해 성층권에 도달하면, 강한 성층권의 순환을 타고 전 지구로 퍼져나가, 수개월에서 수년에 걸쳐 성층권에 머물며 태양복사를 차단하게 된다. 고위도의 화산에서 분출된 에어로졸은 주로 지구의 한쪽 반구에만 퍼지게 되지만, 적도부근의 화산에서 분출된 에어로졸은 전 지구로 퍼지게 된다. 가장 최근의 대규모 화산폭발의 예를 들면, 1991년 폭발한 필리핀 피나투보화산의 경우 전 지구의 기온이 0.4도 하강을 유발한 것으로 관측되었다.

화산폭발이 아무리 클지라도, 방출된 에어로졸의 영향은 비교적 단기간으로 1년 정도 뒤에 가장 크게 나타나고, 수년이 지나면 서서히 그 효과가 사라지게 된다. 그러나 단 1년만 농사를 못 지을 정도로 기온이 하강한다 하더라고, 이는 심각한 흉년과 기근을 발생시키므로 인류 사회에 미치는 영향은 매우 크다. 실제로 인류의 문명이 시작된 지난 5000년 동안에도 초강력 화산이 여러 번 폭발하여, 그 당시의 기후에 크게 영향을 준 기록들이 많이 남아 있다. 가장 강력했던 화산폭발로 테라(에게해 BC 1627), 일로팡고(엘살바도르 AD 535), 탐보라(인도네시아 AD 1815) 화산폭발 등을 들 수 있다. 75000년 전에는 인도네시아에서 탐보라화산 폭발의 100 배가 넘는 초대형 화산폭발인 토바화산이 폭발한 적이 있다.

(4) 해류의 변동

해류는 대기순환보다도 훨씬 더 많은 양의 열을 전달한다. 따라서 만약 해류의 방향이 바뀌게 되면, 이로 인해 기후가 변하게 되리라 예상할 수 있다. 그 중요한 예가 빙하시대가 끝나면서 발생했던 영거드라이아스기이다(그림 I-3-1 참조). 빙하시대가 끝날 무렵, 북아메리카를 덮고 있던 거대한 빙하가 녹으면서, 북대서양으로 엄청난 양의 담수가 방출되었다. 방출된 담수는 북대서양 표층의 염도를 매우 낮게 만들었고, 따라서 그 밀도가 낮아져서 온도가 낮음에도 불구하고 더 이상 그린란드 연안에서 심층으로 가라앉을 수가 없게 된다. 한편, 심층으로 가라앉지 못한 저염도의 해수가 북대서양 표층에 남아있는 채로, 멕시코만류의 북상을 방해한다. 특히 온도가 높지만 염도도 높은 멕시코만류는 저염도의 북대서양 표층해수의 밀도보다 무거워져 해수면을 따라 북상하지 못하고, 북위 40도 정도에서 북

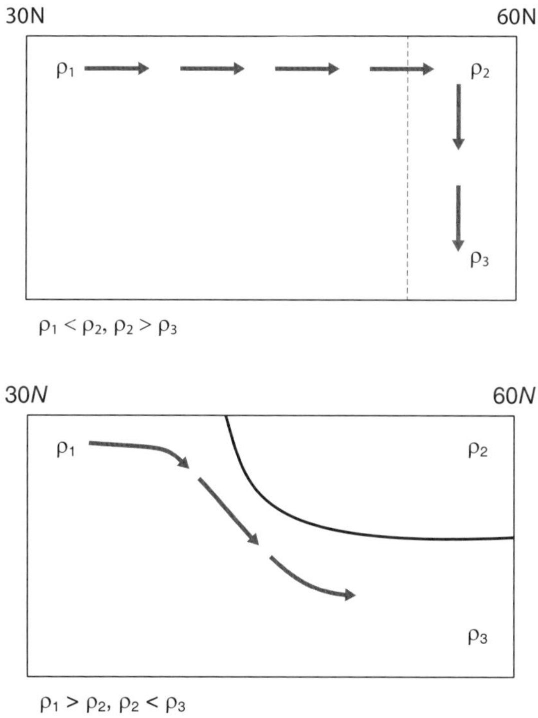

그림 2-7 담수방출로 북대서양의 염도가 낮아지고, 따라서 해수의 밀도가 감소함에 따라, 그린란드 부근에서 심층대류가 발생하지 않고, 멕시코만류가 북대서양으로 진입하지 못하게 된다.

대서양 표층수를 만나면, 그 밑으로 가라앉게 된다(그림 2-7). 따라서 멕시코만류에 의한 열 공급이 끊긴 북대서양의 해수면온도는 매우 낮아지게 되고, 이는 북반구 전체의 온도하강을 가져오게 된다. 한편, 그린란드에서 더 이상 심층으로 해수가 가라앉지 않게 되면, 해양컨베이어벨트로 대표되는 해양 심층순환도 멈추게 되어, 지구 전체의 기후에 영향을 주게 된다.

온난화가 계속 지속되면서 강수보다 증발이 많은 북대서양에서 염도가 서서히 증가함에 따라 약 1000년 뒤 멕시코만류는 다시 복원되었다. 멕시코만류가 멈추는 것도 다시 복원하는 것도 불과 수년 동안 갑작스럽게 이루어졌다. 그림 2-8은 북극에서 흘러온 한류(寒流)와 멕시코만류의 난류(暖流)가 만나는 해양의 극전선이 현재와 영거드라이아스기에 어떻게 달라지는지를 보여주고 있다. 즉 극전선의 남쪽이 멕시코만류의 영향이 미치는 영역으로, 극전선의 위치에 따라서 멕시코만류에 의한 유럽으로의 열공급

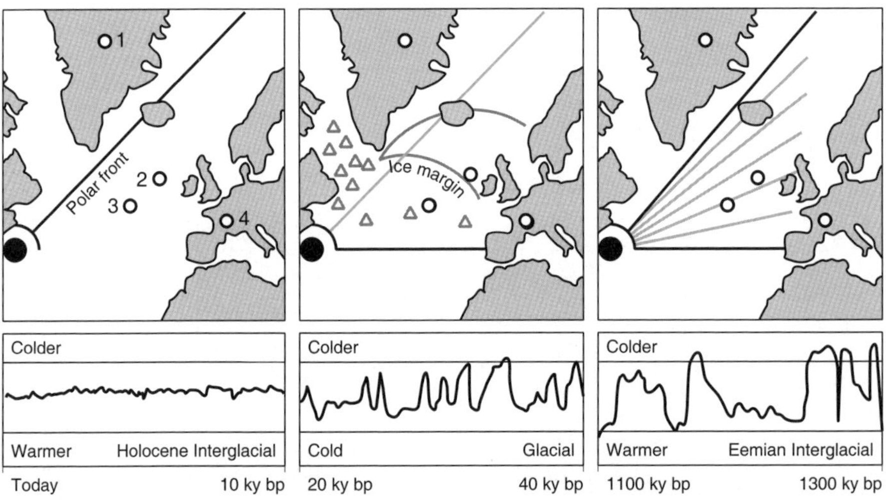

그림 2-8 그린란드 빙하(1), 해양퇴적물(2,3), 호수퇴적물(4) 자료로부터 재현된 지난 수만 년 동안의 극전선의 변동.[90, 114]

여부가 결정된다. 그림 2-8은 극전선의 위치가 과거 빙하시대를 거치면서 여러 번 변해왔음을 보여주고 있다.

(5) 태양활동의 변동성

17세기 초 망원경이 발명된 이후, 우리는 태양의 흑점의 수가 11년을 주기로 변함을 발견하였다. 흑점이 많아지게 되면, 태양복사에너지는 증가하게 된다. 그러나 위성관측결과에 의하면, 흑점이 최대일 때와 최소일 때 태양복사에너지의 차이는 기껏해야 0.11% 밖에 차이가 나지 않으며, 이는 이심률의 차이에 의한 태양복사에너지의 차이의 70분의 1밖에 안된다. 실제로 11년 주기로 변하는 어떤 기후현상도 발견되지 않고 있다.

한편, 11년마다 나타나는 흑점수의 최댓값이 수십 년에 걸쳐 장기변동을 하는 것도 발견하였다. 특히, 1645-1715년 동안에는 그 최댓값이 너무 작아 태양흑점이 거의 나타나지 않았던 적이 있는데, 이를 마운더최소기라 부른다. 흥미롭게도 이 시기는 소빙하기 동안 가장 추웠던 시기와 일치한다. 따라서 이 두 사이의 관련성을 주장하는 학자들도 있다(그림 I-9-3 참조). 특히, 20세기 들어서 태양흑점수가 뚜렷하게 증가하는데, 온실기체에 의한 지구온난화를 반대하는 학자들은 태양흑점수의 증가가 바로 지구온난화의 원인이라고 주장을 하기도 한다. 그러나 최근의 분석에 의하면 태양흑점수의 증가에 의한 효과는 20세기 이후 기온상승의 10분의 1도 설명하지 못하는 것으로 확인된 바 있다.[31]

3 기후변동성

앞장에서 우리는 지형의 변화, 천체운동, 화산폭발, 해류의 변화 등 외부의 조건이 달라짐에 따라 반응하여 기후가 변하는 과정을 이해하였다. 그러나 지구의 기후는 이러한 외부조건의 변화 없이도, 기후시스템 간의 상호작용에 의해 수년 또는 수십 년에 걸쳐 스스로 끊임없이 변동한다. 이를 경년변동(interannual variation)이라 부르며, 이 중 가장 잘 알려져 있고, 중요한 것이 엘니뇨(El Nino) 현상이다.

오래전부터 페루의 어부들에게는 엘니뇨라는 현상이 알려져 있었다. 몇 년마다 한 번씩 기온이 올라가고, 비가 자주 오는 날씨로 바뀌는데, 이 시기에 고기잡이를 나가면, 고기가 잘 안잡히는 것으로 오래전부터 알려져 있었다. 이런 현상이 주로 크리스마스 즈음에 시작되므로, 페루의 어부들은 이를 아기 예수라는 뜻으로 스페인어로 소년(El Nono)이라는 이름을 붙였다. 기상학자들의 연구에 의해서, 이 현상은 페루 앞바다에만 국한된 현상이 아니라 적도태평양 전체에 걸친 진동현상이라는 것을 알게 되었다.

남북 방향으로 해들리순환이 있는 것처럼 동서방향으로도 순환이 존재한다(그림 2-9). 적도 동태평양에서는 안데스산맥에 의해 바람이 해안을 따라서 불고, 따라서 페루 앞바다에서는 연안용승이 일어나므로, 상대적으로 낮은 해수면온도를 갖는다(그림 1-10 참조). 이 차가운 해수는 적도해류를 타고, 서태평양으로 가면서, 적도의 강한 태양복사에너지를 받아 온도가 계속 상승한다. 적도 서태평양은 지구상에서 해수면온도가 가장 높은 곳으로 난수역(暖水域, warm pool)이라고 부른다. 따라서 해수면온도가 낮은 적도 태평양 동쪽에서 하강기류가 생기고, 해수면온도가 높은 적도서태평양에서 상승기류가 생기며, 이 둘 사이를 무역풍으로 연결시켜주는 대기의 순환이

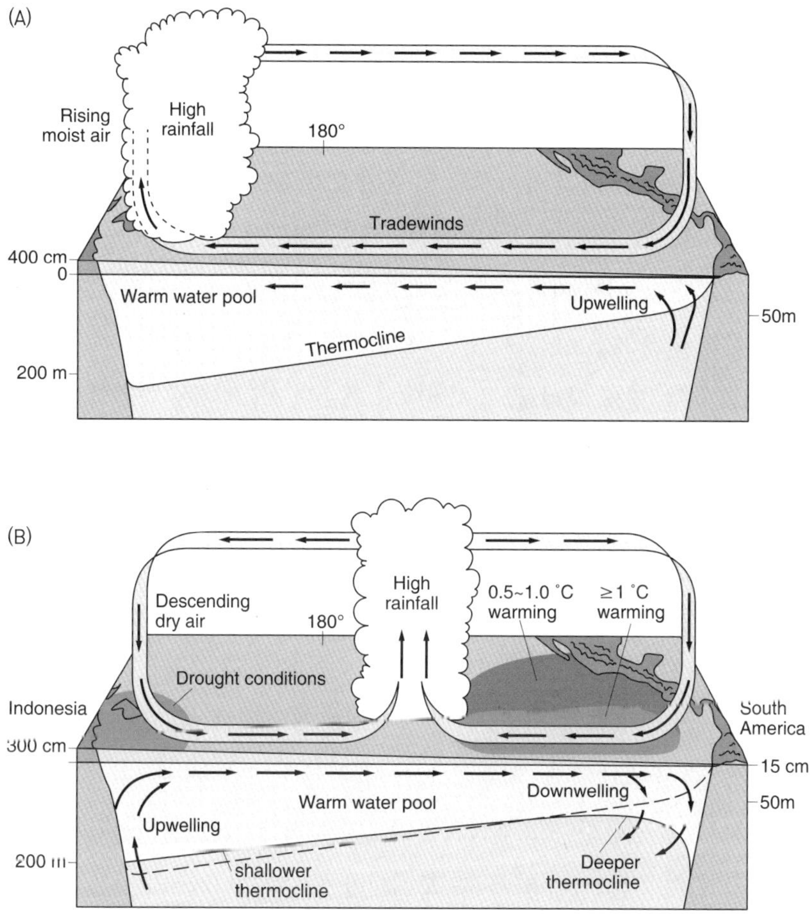

그림 2-9 정상적인 해(A)와 엘니뇨가 발생하는 해(B)의 적도태평양 대기-해양의 상태[88]

존재한다. 이러한 적도 태평양의 동서방향의 대기순환을 워커순환(Walker circulation)이라 부른다(그림 2-9a). 이는 남북방향의 해들리순환과 비슷한 원리로 발생된다고 볼 수 있으나, 적도에서는 전향력이 없으므로, 바람이 휘는 일이 없이 순전히 태평양 동서의 압력차만으로 대기의 순환을 설명할 수 있다. 워커순환의 하강기류가 나타나는 적도 동태평양은 건조하고, 상승기류가 나타나는 적도 서태평양은 비가 많이 오게 된다. 한편, 서쪽으로 흐르는 적도해류는 역으로 무역풍에 이끌려 발생하는 해류이다. 이 해류로 말미암아 적도 서태평양에 해수가 쌓이게 되어, 적도 태평양에서는 서쪽으로 갈수록 해수면고도가 높아지고, 수온약층의 깊이가 깊어지게 된다.

그런데, 어쩌다 용승이 안 일어나게 되면, 적도 동태평양의 해수면온도가 상승을 하고, 이에 따라 적도 동태평양과 서태평양의 기압의 차가 줄어들고, 따라서 무역풍(또는 워커순환)이 약해지게 된다. 무역풍이 약해지면 적도해류를 끄는 힘도 약해져, 동서방향의 해수면고도와 수온약층의 기울기도 약해지게 된다. 그러면 서태평양에 쌓여 있던 표층해수가 역으로 동태평양으로 몰려들면서, 용승을 더욱 억제하고, 약화된 용승은 무역풍을 더욱 약하게 된다. 이러한 양의 되먹임작용에 의해 그림 2-9b에서 보는 것처럼 동서간의 기압의 차가 작고, 동태평양의 해수면온도가 높고, 무역풍이 약하고, 수온약층의 기울기가 작아지는 상태인 엘니뇨가 발생하게 된다. 엘니뇨가 발생하게 되면, 적도 동태평양의 페루에서는 해수면온도가 올라가 기온이 상승하고, 강수가 많아지게 된다. 또 용승이 없어지면서, 영양분이 많은 심층수가 표층으로 올라오지 못하게 되어, 물고기가 고갈되게 된다. 한편, 적도서태평양의 인도네시아에서는 비가 안 와 가뭄이 들게 된다. 단 이러한 엘니뇨는 반드시 해양에서 용승이 약해져야만 발생하는 것이 아니라, 거꾸로 대기에서 무역풍이 약해져도 똑같은 양의 되먹임작용을 거쳐 엘니뇨가 발생하게 되며, 이러한 양의 되먹임작용이 처음에 어떻게 시작되는지에 관해서는 아직 많은 연구가 이루어지고 있다. 그러다 어느 정도 시간을 지나면, 반대 방향의 양의 되먹임작용을 거치며 정상상태로 되돌아오게 된다.

그러나 우리가 단진자를 들었다 놓게 되면, 제자리로 가서 정지하는 것

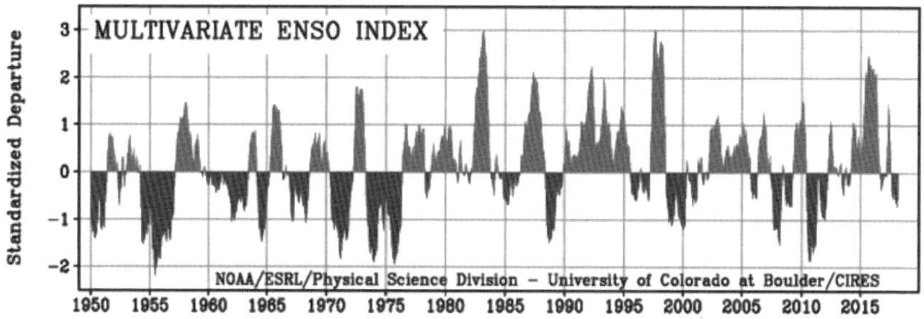

그림 2-10 ENSO 지수의 변동(NOAA)

이 아니라 관성에 의해 반대 방향으로 올라갔다 내려오는 진동운동을 하는 것처럼 엘니뇨의 상태에서 정상상태로 되돌아왔을 때, 멈추는 것이 아니라, 정상보다도 동서간의 기압의 차가 더 크고, 동태평양의 해수면온도가 더 낮고, 무역풍이 더 강하고, 수온약층의 기울기가 더 커지는 현상이 발생한다. 우리는 이를 엘니뇨와 대칭하여, 스페인어로 소녀라는 뜻의 라니냐(La Nina)라고 부른다. 적도 태평양은 4–7년의 주기로 엘니뇨와 라니냐 사이를 진동하는 상태로서, 기상학에서는 전문용어로 ENSO(El Nino Southern Oscillation)라고 주로 부른다.

우리는 엘니뇨의 발생을 적도 동태평양 해역(5N–5S, 120–170W)의 해수면 온도의 변화로 판단하며, 이를 ENSO 지수라 부른다. 그림 2–10은 ENSO 지수의 변화를 나타내고 있다. 금세기 들어서 최대의 엘니뇨는 1982–83년, 1997–98년에 발생했다. 엘니뇨가 발생하면, 그 직접적인 결과로서의 기상이변은 페루의 기온과 강수량의 상승, 그리고 인도네시아의 강수량의 하강이지만, 적도의 대기가 고립되어 있는 것이 아니라 대기순환에 의해 다른 지역의 대기와도 연결되어 있으므로, 다소 그 상관성은 떨어지더라고 엘니뇨의 영향은 전 세계적으로 나타난다(그림 2–11).

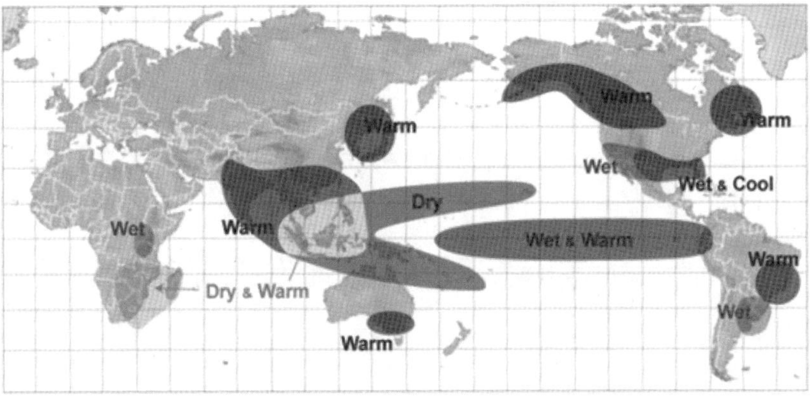

El Niño effects during December through February

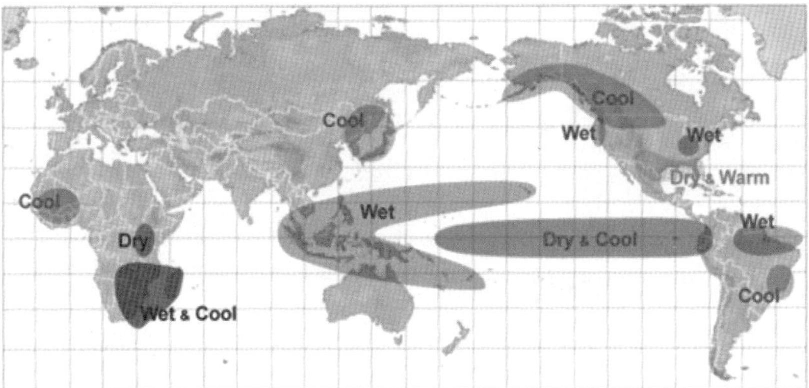

La Niña effects during December through February

그림 2-11 엘니뇨와 라니냐 발생 시의 기상이변

엘니뇨가 가장 뚜렷하고, 그 영향도 가장 크지만, 대기와 해양의 상호작용에 의해 발생하는 기후의 경년변동은 그밖에도 많이 있다. 예를 들면, 북태평양 해수면온도의 패턴의 경년변동을 나타내는 태평양십년규모진동(Pacific Decadal Oscillation, PDO), 북대서양에서 편서풍 강도의 경년변동을 나타내는 북대서양진동(North Atlantic Oscillation, NAO), 북극과 중위도의 압력차의 경년변동을 나타내는 극진동(Arctic Oscillation, AO) 등이 있다.

제3장

과거기후의 복원과 미래기후의 예측

1 고기후(古氣候)의 복원

기후를 이해하기 위해서는 무엇보다도 과거의 기후가 어떻게 변해왔는지를 정확하게 이해하고 있지 않으면 안 된다. 그러나 우리가 실제 온도와 강수량을 직접 잴 수 있게 된 것은 불과 수백 년 전부터이다. 온도계는 17세 중반 이탈리아에서 처음 발명되었다. 강우량의 측정은 자랑스럽게도 우리나라에서 세계 최초로 1442년 세종대왕이 측우기를 만들어 측정을 시작하였다.

직접 측정은 못했더라도 문헌에 남아있는 기록을 통해 간접적으로 당시의 기후를 추정할 수 있는 방법들이 있다. 예를 들면, 가뭄, 홍수 등 기후정보를 담은 기록서, 항해일지 등을 통해, 당시의 기후에 관해 알 수 있다. 한편, 기록으로 남아있는 고대 이집트의 곡물의 수확량과 수확시기, 프랑스의 포도수확, 일본의 벚꽃 개화시기 등도 당시의 기후와 밀접한 관계가 있다. 문헌뿐만 아니라, 그림이나 건축등도 당시의 기후를 반영한다. 예를 들면, 7000년 전 사하라사막의 동굴벽화에는 하마와 같은 습지동물들이 그려져 있는데, 이는 당시 이곳이 온난, 다습한 기후 지역이었음을 알려준다(그림 I-4-1). 또 소빙하기에 그려진 많은 그림들이 지금과는 매우 다른 그 당시의 매우 추웠던 겨울을 묘사하고 있다(그림1-9-5, 7). 그러나 이러한 인간의 기록조차 남아있지 않은 1만 년 이상의 과거는 자연의 기록을 분석하는 수밖에 없다. 고기후의 정보를 제공하는 중요한 자료로서 해저퇴적물, 얼음코어, 나이테 등이 있다.

(1) 해저퇴적물

대부분의 해저퇴적물은 한때 해양에 살았던 생물화석을 포함하고 있다. 이런 해수면 근처의 생물이 죽으면, 그 껍질은 천천히 해저 바닥으로 떨어져 퇴적되게 된다. 해양에 서식하는 생물체의 수와 종류가 기후에 따라 변하기 때문에 이 해저퇴적물은 지구의 기후변화를 기록하는 유용한 자료가 된다. 해저퇴적물은 지난 수천만 년 전에 이르는 기후변화의 기록을 제공한다. 특히 광대한 해역에 퇴적되어 있는 유공충(foraminifera)은 수온에 민감하므로 이를 활용하여 해양 표층의 온도가 대기의 온도와 밀접하게 관련되어 있다는 가정 아래 과거의 기온을 계산할 수 있다.

한편 유공충을 포함한 많은 해양퇴적물은 탄산칼슘($CaCO_3$)의 껍질로 이루어져 있는데, 이 탄산칼슘을 구성하는 산소원자의 동위원소 비율 $^{18}O/^{16}O$을 측정하여 고기후를 복원할 수 있다. 산소동위원소 분석은 두 가지 산소 동위원소, 즉 가장 흔한 ^{16}O와 더 무거운 ^{18}O 간 비율의 정밀측정에 근거한다. 물분자(H_2O)는 ^{18}O나 ^{16}O로 만들어질 수 있다. 그러나 가벼운 동위원소 ^{16}O가 더 쉽게 바다에서 증발한다. 이 때문에 강수와 빙하얼음에는 ^{16}O가 풍부하다. 그러다 보니 해수에는 무거운 동위원소인 ^{18}O가 더 높은 농도로 남게 된다. 증발되어 육지로 간 물분자가 강물이 되어 바다로 되돌아오면 동위원소 비율 $^{18}O/^{16}O$이 변하지 않고 유지가 되지만, 만약 빙하시대가 되어 육지의 빙하에 묶여 바다로 되돌아오지 못하게 된다면, 해수의 $^{18}O/^{16}O$ 비율이 증가하게 된다.

(2) 얼음코어(ice core)

그린란드와 남극대륙의 빙상에서 채취한 연직의 얼음코어는 고기후를 가장 효과적으로 복원시켜주는 도구가 되었다. 과학자들이 굴착장비를 가지고 채취한 얼음코어는 때로는 길이가 2000m가 넘어 20만 년 이상의 기후정보를 제공한다. 얼음은 기온과 강설의 기록을 제공하고, 얼음 속에 갇혀있는 공기방울들은 대기조성의 변화를 기록한다. 기온은 산소동위원소 분석을 통하여 계산할 수 있다. 얼음코어는 또한 바람에 날리는 에어로졸, 화산재, 꽃가루 등의 자료도 함유한다.

예를 들면, 그림 3-1은 프랑스와 러시아의 과학자들이 남극의 보스토크(Vostok) 러시아기지에서 채취한 얼음코어로부터 복원된 과거 40만 년 간의 온도, 이산화탄소, 에어로졸의 변화이다. 그림 3-1로부터 우리는 온도와 이산화탄소의 농도가 매우 높은 상관성을 보여주고 있음을 알 수 있다. 이를 통해서 우리는 온실효과가 기온상승에 매우 중요한 역할을 하였음을 확인할 수 있다. 그러나 조금 더 자세히 들여다보면, 이산화탄소의 증가가 오히려 기온의 증가보다 조금 더 늦게 나타나는 경향이 있음을 알 수 있다. 이를 우리는 천체운동에 의해 태양복사에너지가 증가하고, 또 이에 따라 기온이 상승하면, 해양, 지표에 갇혀있던 이산화탄소가 대기 중으로 방출되어, 증가된 이산화탄소가 기온을 더욱 상승시키는 양의 되먹임작용을 통하여 이해할 수 있다(II-2-2(2) 참조).

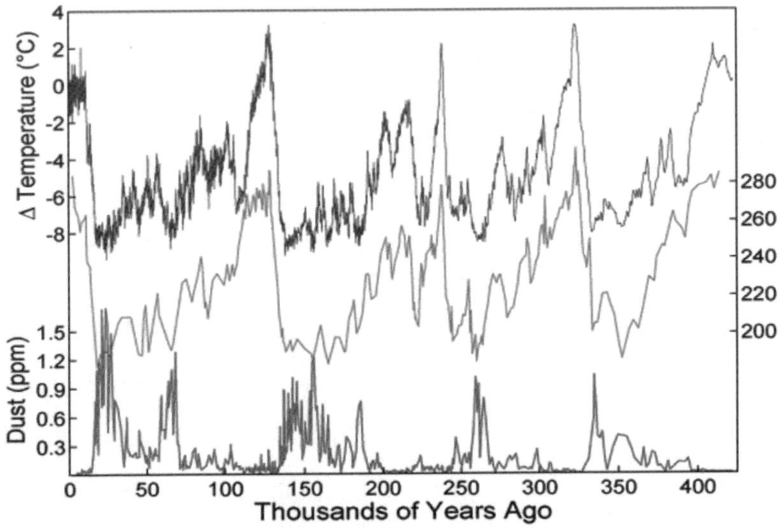

그림 3-1 Vostok 얼음코어로부터 복원된 온도(상), CO_2 농도(중), 먼지농도(하)의 시간변화.[74]

그림 3-1은 또한 빙하시대에 들어서 온도하강은 서서히 이루어지지만, 빙하시대가 끝나면서 온도상승은 급격히 이루어짐을 보여주고 있다. 이는 온난화시기에 이산화탄소의 방출과 빙하의 융해가 한랭화시기의 이산화탄소의 흡수와 빙하의 결빙에 비해 훨씬 속도가 빠름을 뜻한다. 에어로졸은 빙하시대 말기 가장 추울 때, 가장 큰 값을 가지는 것을 보여주고 있다. 이는 빙하시대 말기에 바람이 가장 세게 불고, 강수량이 적었음을 뜻한다.

(3) 나이테

온대지역에서 나무는 해마다 껍질 아래에서 새로운 목질층을 추가한다. 좋은 성장조건 아래서는 폭 넓은 나이테가 생기고, 좋지 않은 조건하에서는 폭 좁은 나이테가 생긴다. 만일 벌목한 해를 알면, 바깥쪽에서부터 세어 들어가면서, 나무의 나이와 각 테가 생긴 해를 결정할 수 있다. 나이테는 특히 인류의 역사가 펼쳐지던 지난 수천 년의 기간에 대한 고기후의 복원에 매우 유용하게 사용된다.

2 기후모형(climate model)

앞장에서 과거의 기후에 대한 정보를 얻기 위한 노력에 관해 설명하였다. 그러나 우리가 향후 기후변화에 대응하기 위해서는 미래의 기후를 예측해야할 필요가 있다. 이를 예측할 수 있는 유일한 방법은 기후시스템에서 일어나는 모든 현상들을 기술하는 물리방정식을 만들고, 이를 컴퓨터로 계산하여 예측하는 방법이다. 우리는 이를 기후모형(climate model)이라 부른다. 기후모형에 의한 기후예측은 현재 널리 활용되고 있으며, 특히 IPCC 보고서에서 기후변화에 대한 과학적 평가와 그것이 인류사회에 미치는 영향을 분석하기 위한 중요한 자료를 제공하고 있다.

현재의 기후모형은 대부분 대기와 해양의 대순환모형을 바탕으로 하고 있으므로, 접합대순환모형(coupled general circulation model, CGCM)이라고 부르기도 한다(그림 3-2). 기후모형은 기본적으로 전 지구의 대기와 해양을 수많은 격자로 나누고, 각 격자에서의 온도, 유속 등과 같은 기상변수들을 유체역학, 열역학 등의 물리방정식을 통해 계산한다. 현재 수준의 계산능력의 한계로 현재 기후모형의 수평격자크기는 10km 이상이다. 따라서 이보다 작은 현상은 직접 재현할 수가 없다. 즉 구름이나 난류처럼 격자보다 작은 현상들은 직접 재현하는 것은 불가능하다. 그러나 이러한 현상이 기

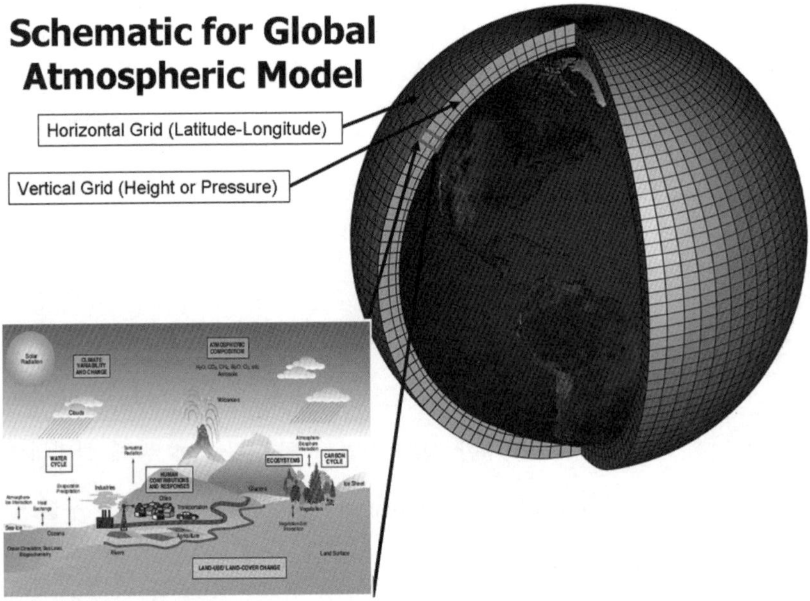

그림 3-2 기후모형의 구조

후에 미치는 영향은 여전히 존재하므로, 그 효과를 고려하여야 한다. 그 효과를 방정식으로 표현하는 것을 모수화(parameterization)라 부르며, 얼마나 우수한 모수화를 개발하느냐 하는 것은 기후모형의 개발에 있어서 중요한 부분을 차지한다. 예를 들면, 구름 안에서 물방울들이 얼마나 잘 충돌해서 빗방울이 되는지, 해양과 대기에서 난류에 의한 열, 운동량 등의 혼합이 얼마나 강하게 일어나는지 등을 모수화를 통해 예측한다.[34,96]

기후모형 개발을 위해서는 이밖에도 수많은 방정식을 컴퓨터로 효과적으로 계산하는 알고리즘의 개발과 적절한 격자구조의 선택 등 많은 수학적인 노력을 필요로 한다. 한편, 지형과 바람, 해류 등을 보다 정확하게 표현하고, 또 보다 많은 현상을 모수화에 의존하지 않고, 직접 재현하기 위해서는 가능한 한 격자의 크기를 작게 하는 것이 바람직하다. 그러나 일반적으로 격자를 반으로 줄이면, 그 계산량은 약 10배 늘어난다. 따라서 보다 정확한 기후예측을 위해서는 무엇보다도 보다 강력한 슈퍼컴퓨터의 개발을 필요로 한다.

초기의 기후모형은 기본적으로 대기와 해양의 대순환을 재현하는 모형이었다. 따라서 이에 대한 유체역학, 열역학의 방정식과 모수화로 구성되었었다. 그러나 기후모형이 점점 발달해 가면서, 빙권, 지권, 생권을 포함시키고, 또 탄소순환(carbon cycle)과 같은 대기와 해양 내에서의 생지화학 과정을 포함시키게 되었다. 이러한 과정들은 더 이상 물리학 방정식으로는 표현될 수가 없어, 이를 재현하기 위하여 다양한 경험적 방정식들이 도입되었다.

우리는 기후모형을 이용하여 얼마나 정확하게 미래의 기후를 예측할 수 있을까? 수치예보모델이 아무리 발달해도, 우리는 대체로 약 2주 이상은 예측할 수 없는 것으로 이론적으로 알려져 있다. 이는 자전이나 공전처럼 수백 년 뒤까지도 정확하게 예측할 수 있는 선형현상인 천체운동과 달리, 날씨 또는 기후를 지배하는 물리현상이 비선형방정식에 의해 기술되는 비선형현상(nonlinear phenomena)이므로 초기에 우리가 도저히 관측할 수 없는 아무리 작은 현상이라도, 그 영향이 때로는 시간이 지나면 점점 커져, 큰 현상에 영향을 끼치게 된다. (선형시스템이란 방정식 Y = f(X)이 선형이어서 환경(X)의 변화와 결과(Y)의 변화가 비례하는 시스템을 의미한다.) 이와 같은 기상현상의 예측성을 최초로 연구한 기상학자 로렌츠(Lorenz)에 의해 한 나비의 날갯짓이 시간이 지나면 태풍처럼 큰 기상현상에도 영향을 줄 수 있다는 뜻의 나비효과(butterfly effect)라고 작명되어 대중적으로 널리 알려져 있다.[2,56]

이러한 비선형현상의 예측성에 대한 수학적 연구를 혼돈이론(chaos theory)이라 부른다. 그렇다면, 기후모형을 이용해 백년 뒤의 기후를 예측하는 것은 의미가 없는가? 반드시 그렇지는 않다. 동일한 비선형의 방정식을 이용해 어떤 변수 A의 값이 시간에 따른 변화를 계산할 때, 초깃값이 아주 미세하게 다른 A로부터 시작한 두 실험이 시간이 지나게 되면 전혀 다른 A값을 가지게 된다(나비효과). 그러나 시간이 충분히 지난 뒤, A값의 통계적 분포를 조사해보면, 방정식이 같고, 주어진 조건이 같으면, 동일한 통계적 분포를 가지게 된다. 마치 우리가 주사위를 던져 무엇이 나올지를 예측할 수 없어도, 그 평균값이나 분산이 어떻게 될지는 예측할 수 있는 것과 비슷하다. 주어진 순간의 A의 값이 날씨라면 A의 통계적 분포는 기후에 해당한다. 기후의 예측이란 주어진 조건이 달라졌을 경우 A의 통계적분포가 어떻게 달라지는지를 예측하는 것이라고 생각할 수 있다. 즉 날씨가 현재의 대기상태가 시간이 지남에 따라 어떻게 변하는가를 예측하는 것이라면, 기후는 미래에 지금과 달라진 조건아래서, 대기의 평균상태가 어떻게 나타나는지를 예측하는 문제이다. 그렇다 하더라도, 여전히 비선형현상인 만큼 현재에는 사소해서 무시할 수 있는 현상, 즉 방정식에 포함시키지 않는 현상이 미래에는 중요한 역할을 할 가능성은 배제할 수 없어서, 근본적인 예측성의 한계는 여전히 존재한다.

따라서 아무리 계산능력이 발달한다고 하더라도, 격자보다 작은 현상의 모수화의 불확실성, 빙권, 생권, 지권 등 물리 방정식으로 표현할 수 없는 많은 현상의 불확실성과 같은 기후모형 자체의 불확실성과 비선형현상인 기후현상 자체의 근본적인 불확실성 등으로 인해 예측성의 한계가 여전히 존재한다. 더욱이 기후예측이란 앞으로 증가할 이산화탄소의 농도에 의해 기후가 어떻게 변해갈 것인가에 대한 예측이다. 따라서 현재로선 사회, 경제적으로 앞으로 이산화탄소의 배출이 얼마나 변하게 될 지에 대한 불확실성이 매우 커서, 이 또한 기후예측을 어렵게 한다.

참고문헌

1. Alley, R. B., The Younger Dryas cold interval as viewed from central Greenland, Quarterly Science Reviews, 19, 213-226 (2000)
2. Baker, G. L. and J. P. Gollub, 'Chaotic Dynamics', (Cambridge Univ. Press, 1996).
3. Behringer, W., 'Kultur Geschichte des Klimas' (C. H. Beck, 2007)
4. Behringer, W., 'Tambora und das Jahr ohne Sommer: Wie ein Vulkan die Welt in the Krise stürzte' (dtv Verlagsgesellschaft, 2018)
5. Bernhard, C. E., B. P. Horton, and J. -D. Stanley, Nile Delta vegetation response to Holocene climate variability. Geology 40, 615-618 (2012).
6. Blom, P., 'Die Welt aus den Angleln' (Hanser 2017).
7. Broecker, W., 'The Great Ocean Conveyor: Discovering the Trigger for Abrupt Climate Change', (Princeton Univ. Press, 2010).
8. Broecker, W. et al., Routing of meltwater from the Laurentide ice sheet during the Younger Dryas cold episode. Nature, 341 (1989).
9. Brooke, J. L., 'Climate Change and the Course of Global History' (Cambridge Univ. Press, 2014)
10. Buchner, N. and Buchner, E., 'Klima und Kulturen: Die Geschichte von Paradics und Sintflut' (Verlag Bernhard Albert Greiner, 2005)
11. Burroughs, W. J., 'Climate Change in Prehistory' (Cambridge Univ. Press, 2005)
12. Claiborne, R., 'Climate, Man, and History', (Norton, 1970).
13. Campbell, B. M. S., 'The Great Transition-Climate, Desease and Society in the Late-Medieval World', (Cambridge Univ. Press, 2016).
14. Cook, E. R., Megadroughts, ENSO, and the invasion of Late-Roman Europe by the Huns and Avars, The Ancient Mediterranean Environment between Science and History (ed. W. V. Harris, Brill, 2013), pp.89-102.
15. Cullen H. M., et al., Climate change and the collapse of the Akkadian empire: Evidence from the deep sea. Geology 28, 379-382 (2000).
16. Dart, R. A., Australopithecus africanus: The Man-Ape of South Africa, Nature, 115, 195-199 (1925).

17. de Barros Damgaard et al., 137 ancient human genomes from across the Eurasian steppes, Nature 557, 369-374 (2018).
18. Degroot, D., 'The Frigid Golden Age: Climate Change, the Little Ice Age, and the Dutch Republic, 1560-1720 (Cambridge Univ. Press, 2018).
19. deMenocal, P. B., Plio-Pleistocene African Climate. Science, 270, 53-59 (1995).
20. deMenocal, P. B. and J. E. Tierney, Green Sahara: African humid periods paced by earh's orbital changes. Nature Education Knowledge 3. 12 (2012).
21. Diamond, J., 'Collapse' (Penguin Books, 2005)
22. Diamond, J., 'Guns, Germs, and Steel' (W. W. Norton & Company, 1999)
23. Dull, R., et al. Did the TBJ Ilopango eruption cause the AD 536 event?, AGU Fall Meeting Abstracts. 13, 2370 (2010).
24. Dyke, A. S., An outline of North American Deglaciation with emphasis on central and northern Canada. Quarternary Glaciations-Extent and Chronology, Part II: North America vol 2b (J. Ehlers and P. L. Gibbard, eds., Elsevier Sci. and Tech. Books), pp. 373-424 (2004).
25. Érdy, Miklós Three Archaeological Links between the Xiongnu and the Huns. THE TURKS (6 vols.), Vol. 1 Early Ages. Yeni Türkiye, Ankara 2002, pp. 306-317 (2002).
26. Fagan, B., 'The Great Warming' (Basic Books, 2008)
27. Fagan, B., 'The Little Ice Age' (Basic Books, 2000)
28. Fagan, B., 'The Long Summer', (Basic Bookds, 2004)
29. Fischer, D. H., 'The Great Wave. Price Revolutions and the Rhythm of History', (Oxford, 1996), pp. 6.
30. Fleming, K., et al., Refining the eustatic sea-level curve since the Last Glacial Maximum using far- and intermediate-field sites" Earth and Planetary Science Letters 163 (1-4): 327-342 (1998).
31. Foukal, P. et al., Variations in solar luminosity and their effect on the Earth's climate. Nature, 443, 161-166 (2006).
32. Ge, Q., H. Liu, X. Ma, J. Zheng, Z. Hao, Characteristics of temperature change in China over the last 2000 years and spatial patterns of dryness/ wetness during cold and warm periods. Adv. Atmos. Sci., 34, 941-951 (2017). 299, 1731-1735 (2003).
33. Gerste, R. D., 'Wie das Wetter Geschichte macht: Katastrophen und

Klimawandel von der Antike bis Heute' (Klett-Cotta, 2015).

34. Goose, H., 'Climate System Dynamics and Modelling', (Cambridge Univ. Press, 2015).

35. Haug, G. H., et al., Climate and the collapse of Maya Civilization, Science, 299, 1731-1735 (2003)

36. Harari, Y. N., 'Sapiens-A Brief History of Humankind' (Vintage, 2011).

37. Hodell, D.A., Brenner, M. and Curtis, J.H. Terminal Classic drought in the northern Maya Lowlands inferred from multiple sediment cores in Lake Chichancanab (Mexico). Quaternary Science Reviews 24: 1413-1427 (2005).

38. Hodell, D.A., J. H. Curtis, and M. Brenner. Possible role of climate in the collapse of the Classic Maya Civilization. Nature 375:391-394 (1995).

39. Hughes, J. D., 'Ecology in Ancient Civilization', (University of New Mexico Press, 1975).

40. Hughes, M. K., Ice layer dating of the eruption of Santorini. Nature 335, 211-212 (1988).

41. Huntington, E., 'The Pulse of Asia: A Journey in Central Asia Illustrating the Geographic Basis of History' (Houghton, MIffin & Co., 1907).

42. Huntington, E., 'Civilization and Climate' (Yale University Press, 1924)

43. IPCC (Intergovernmental Panel on Climate Change) (https://www.ipcc.ch/report/ar5/)
   - First Assessment Report (FAR) (1990)
   - Second Assessment Report (SAR) (1995)
   - Third Assessment Report (TAR) (2001)
   - Fourth Assessment Report (AR4) (2007)
   - Fifth Assessment Report (AR5) (2013)

44. Keys, D., 'Catastrophe' (Balantine Books, 1999).

45. Klingaman, W. K. and N. P. Klingaman, 'The Year Without Summer: 1816 and the Volcano That Darkened the World and Changed History', (St. Martin's Griffin 2014).

46. Kremer, M., Population growth and technological change: one million B.C. to 1990, Quart. J. Econo., 108, 681-716 (1993).

47. Krom, M.D., Stanley, J.D., Cliff, R.A and Woodward, J.C. River Nile sediment fluctuations over the past 7000 years and their key role in sapropel development. Geology, 30(1), 71–74 (2002).

48. Kuper R., and S. Kröplin, Climate-controlled holocene occupation in the Sahara: motor of African evolution. Science, 313, 803-807 (2006).
49. Lamarche, V. C. and K. K. Hirschboeck, Frost rings in trees as records of major volcanic eruptions. Nature 307, 121-126 (1984).
50. Lamb, H. H., 'Climate History and Modern World' (2nd ed.. Routledge, 1995)
51. Larson, L. B. et al., New ice core evidence for a volcanic cause of the A.D. 536 dust veil. Geophys. Res. Lett. 35, L04708 (2008).
52. Le Roy Ladurie, E., 'Times of Feast, Times of Famine: A History of Climate since the Year 1000 (transl. by B. Bray, Allen & Unwin, 1971) (original publication, Histoire du Climat depuis l;an Mil, Paris 1967).
53. Lézine, A-M., C. Hély, C. Grenier, P. Braconnot, and G. Krinner, Sahara and Sahel vulnerability to climate changes, lessons from Holocene hydrological data, Quat. Sci., Rev., 30, 3001-3012 (2011).
54. Liebermann B. and E. Gordon, 'Climate Change in Human History' (2018, Bloomsbury Academic).
55. Ljungqvist, F. C., A new reconstruction of temperature variability in the extra-tropical Northern Hemisphere during the last two millennia, Geografiska Annaler Series A 92: 339-351 (2010).
56. Lorenz, E. N., Deterministic non-periodic flow, J. Atmos. Sci., 20, 130-141 (1963).
57. Ludwig, K. H., Eine Kurze Geschichte des Klimas (C. H. Beck, 2007).
58. Lutgens, F. and E. J. Tarbuck 'The Atmosphere' (Pearson, 2007). (안중배 등 옮김, '대기과학', 시그마프레스, 2009).
59. Mann, Michael E.; Bradley, Raymond S.; Hughes, Malcolm K., Northern hemisphere temperatures during the past millennium: Inferences, uncertainties, and limitations, Geophysical Research Letters 26 (6): 759, doi:10.1029/1999GL900070 (1999).
60. Marcot, S. A., J. D. Shakun, P. U. Clark, and A. C. Mix, A reconstruction of regional and global temperature for the past 11,300 years. Science, 339, 1198-1201 (2003).
61. Maslin, M. et al., A synthesis of the theories and concepts of early human evolution. Philo. Trans. B, 370: 20140064 (2015).
62. Matthes, F. E., Report of the committee on glaciers, Transactions of the Americal Geophysical Union, 518-523 (1939).

63. Medina-Elizalde, M. and E. J. Rohling, Collapse of Classic Maya civilization related to modest reduction in precipitation. Science, 335, 956-959 (2012).
64. Miller, K. G. et al., The Phanerozoic record of global sea level change. *Science*, 310, 1293-1298 (2005).
65. Milne, G. A., A. J. Long and S. E. Bassett, Modelling Holocene relative sea-level observations from the Caribbean and South America. Quat. Sci. Rev. 24 (10-11): 1183-1202 (2005).
66. Murton, J. B., Identification of Younger Dryas outburst flood path from Lake Agassiz to the Arctic Ocean, Nature 464, 740-743 (2010).
67. Oster, E., Witchcraft, weather, and economic growth in Renaisance Europe, J. Econom. Persp. 18, 215-228.
68. Overland, J. E. and M. Wang, When will the summer Arctic be nearly sea ice free? Geophys. Res. Lett. 20, 2097 (2013).
69. PAGES 2k Consortium, Continental-scale temperature variability during the past two millennia, Nature Geoscience, doi:10.1038/NGEO1797 (2013).
70. Palmer, L. R., 'Mycenaeans and Minoans: Aegean Prehistory in the Light of the LInear B Tables' (New York, Alfred A. Knopf, 1962).
71. Parker, G., 'Global Crisis: War, Climate Change, and Catastrophy in the Seventeenth Centry', (Yale, 2013).
72. Patel, S. S., A sinking feeling. Nature 440, 734-736 (2006).
73. Penna, A. N., 'The Human Footprint' (Wiley Blackwell 2015).
74. Petit, J. R., et al., Climate and atmospheric history of the past 420,000 years from the Vostok core, Antarctica. Nature, 399, 429-436 (1999).
75. Pfister, C., Witch hunt: strategies of European societies in coping with exogenous shocks in the late sixteenth and early seventeenth centries. The Medieval History Journal. 10, 33-73 (2007).
76. Pfister, C., The vulnerability of past societies to climatic variation: a new focus for historical climatology in the twenty-first century. Climate Change, DOI 10.1007/s10584-010-9829-2 (2010).
77. Ponton, C. et al., Holocene aridification of India, Geophys. Res. Lett. 39, L03704 (2012).
78. Rosen, W., 'The Third Horseman: A Story of Weather, War, and the Famine History Forgot', (Penguin Books, 2015).

79. Ruddiman, W. F., The anthropogenic greenhouse era began thousands of years ago. Climate Change 61, 261-293 (2003).
80. Ruddiman, W. F., 'Earth's Climate: Past and Future' (W. H. Freeman and Company, 2001).
81. Russel, J. C. 'Population in Europe (The Fontana Economic History of Europe, vol I: The Middle Ages', eds by C. M. Cipolla, Glasgow Collins/Fontana), pp. 25-71 (1972).
82. Ryan, W. B. F. and Pitman III, W. C., An abrupt drowning of the Black Sea shelf. Marine Geology, 138: 119–12.
83. Shakun, J. D. et al., Global warming preceded by increasing carbon dioxide concentrations during the last deglaciation. Nature 484. 49-55 (2012).
84. Sheppard, P. R., et al. Annual precipitation since 515 BC reconstructed from living and fossil juniper growth of northeastern Qinghai Province, China, Clim. Dyn. 23, 869-881 (2004).
85. Sigl, M. et al., Timing and climate forcing of volcanic eruption for the past 2500 years, Nature 523, 543-549 (2015).
86. Sigurdsson, H., et al., Assessment of mass, dynamics and environmental effects of the Minoan eruption of Santorini Volcano, in: Hardy, D. A., et al. "THERA AND THE AEGEAN WORLD-PROCEEDINGS OF THE 3rd INTERNATIONAL CONFERENCE", Vol. 3, p. 100-1126 (1990).
87. Sirocko, F., 'Wetter, Klima, Menschheits-Entwicklung von der Eiszeit bis ins 21. Jahrhundert' (Theiss, 2012).
88. Skinner, B. J. and S. C. Porter 'The Blue Planet: An Introduction to Earth System Science', (Wiley, 1995).
89. Sidrys R. and R. Berger, Lowland Maya radiocarbon dates and the classic Maya collapse. Nature 277, 269-274 (1979).
90. Stewart, R. H., 'Introduction to Physical Oceanography' (pdf, 2008).
91. Toynbee, A. J, 'A Study of History' (Oxford University Press, 1961).
92. Utterström, G., Climatic fluctuations and population promlems in early modern history. Scandinavian Economic History Review, 3, 3-47 (1959).
93. Vinther, B. M., et al., A synchronized dating of three Greenland ice cores throughout the Holocene. J. Geophys. Res. 111, D13102 (2006).
94. Wang, J., et al., The abrupt climate change near 4,000 yr BP on the cultural transition in Yuchisi, China and its global linkage. Scientific

Reports 27723 (2016).

95. Wanner, H., 'Klima und Mensch: Eine 12,000-Jährige Geschichte' (Haupt Verlag, 2016).
96. Washington, W. M. and C. L. Parkinson, 'Three-Dimensional Climate Modeling', (University Science Books, 2005).
97. Weiss, H. et al., The genesis and collapse of third millennium North Mesopotamian civilization, Science, 261, 995-1004 (1993).
98. Wheeler, M., 'The Indus Civilization' (Cambridge Univ. Press, 1953).
99. Whyte, I. D., 'Climate Change and Human Society' (Arnold, 1995).
100. Wigley, T. M. L., Ingram, M. J., and Farmer, G. (eds), Climate and History: Studies in Past Climates and their Impact on Man (Cambridge Univ. Press, 1985).
101. Wood, G. D., "Tambora: The Eruption That Changed the World (Princeton University Press, 2015)
102. 石弘之, 安田喜憲, 湯浅赳夫,'環境と文明の世界史' (洋泉社, 2001)
103. 桜井邦朋, '夏が来なかった時代', (吉川弘文館, 2003)
104. 田家康, '気候文明史' (日本経済新聞出版社, 2010)
105. 田家康, '異常気象が変えた人類の歴史' (日経プレミアシリーズ, 2014)
106. 宮崎正勝 (監修), '天気が変えた世界の歴史' (祥伝社, 2015)
107. 安田喜憲, '気候変動の文明史' (NTT 出版, 2004)
108. 安田喜憲, 吉野正敏, '歴史と気候' (朝倉書店, 1998)
109. 이희수, '터키사' (대한교과서 주식회사, 2005).
110. 정회성, '전환기의 환경과 문명' (도서출판 지모, 2009)
111. 劉昭民, '中國歷史上氣候之變遷' (臺灣商務印書館, 1982) (박기수, 차경애 옮김, '기후의 반역-기후를 통해 본 중국의 흥망사', 성균관대학교출판부 2005)
112. Apel, J. R., 'Principles of Ocean Physics' (Academic Press, 1987)
113. Hunt, T. L. and C. P. Lipo, Ecological catastrophe, collapse, and the myth of 'ecocide' on Rapa Nui (Easter Island), 'Questioning Collpase: Human Resilience, Ecological Vulnerability, and the Aftermath of Empire' (ed by P. A. McAnany and N. Yoffee, Cambridge Univ. Press, 2009).
114. Zahn, R. Core correlations, Nature 371, 289–290 (1994).

그림 목록 및 출처

I. 기후와 문명

II. 기후의 과학

그림 2-2 대기 중 기체들의 복사파 흡수(Lutgens and Tarbuck, 2007)

그림 2-3 2011년과 1750년의 기후복사강제력의 차이(radiative forcing)(IPCC 5차 보고서)

그림 2-4 (a) 공전궤도 이심률의 변화, (b) 자전축의 기울기의 변화, (c) 세차운동 (http://www.slideshare.net/syadur/milankovitch-theory)

그림 2-5 세차운동, 자전축의 기울기, 공전궤도의 이심률에 의한 북위 65도 이북의 태양복사 전달량의 변동과 지구기온의 변동 (https://commons.wikimedia.org/wiki/File:Milankovitch_Variations.png)

그림 2-6 화산폭발이 기후에 미치는 영향(https://commons.wikimedia.org/wiki/File:Volcanic_injection.jpg)

그림 2-7 담수방출로 북대서양의 염도가 낮아지고, 따라서 해수의 밀도가 감소함에 따라, 그린란드부근에서 심층대류가 발생하지 않고, 멕시코만류가 북대서양으로 진입하지 못하게 된다.

그림 2-8 그린란드 빙하(1), 해양퇴적물(2,3), 호수퇴적물(4) 자료로부터 재현된 지난 수만 년 동안의 극전선의 변동(Stewart 2008).

그림 2-9 정상적인 해와 엘니뇨가 발생하는 해의 적도태평양 대기-해양의 상태 (Skinner and Murck 2011)

그림 2-10 ENSO 지수의 변동(NOAA) (https://www.esrl.noaa.gov/psd/enso/mei/ARcHivEd=MeI/200706/mei.html)

그림 2-11 엘니뇨와 라니냐 발생 시의 기상이변 (https://www.pmel.noaa.gov/elnino/impacts-of-el-nino)

그림 3-1 보스톡(Vostok) 얼음코어로부터 복원된 온도(상), CO2 농도(중), 먼지농도(하)의 시간변화(Petit et al. 1999) (https://commons.wikimedia.org/wiki/File:Vostok-ice-core-petit.png)

그림 3-2 기후모형의 구조 (https://en.wikipedia.org/wiki/Climate_model)

찾아보기

ㄱ

ㄴ

ㅇ

기타